科学图书馆　校园科学实验

人体错觉中的科学

(美) 吉姆·维斯 著
蔡和兵 译

上海科学技术文献出版社

图书在版编目（CIP）数据

人体错觉中的科学/（美）吉姆·维斯著；蔡和兵译 .—上海：上海科学技术文献出版社，2012.3
（校园科学实验）
ISBN 978-7-5439-5239-3

Ⅰ.①人… Ⅱ.①吉…②蔡… Ⅲ.①错觉—青年读物②错觉—少年读物 Ⅳ.① B842.2-49

中国版本图书馆 CIP 数据核字（2012）021188 号

How to Really Fool Yourself: Illusions for All Your Senses

Copyright © 1981, 1999 by Vicki Cobb.
All Rights Reserved. This translation published under license
Copyright in the Chinese language translation(Simplified character rights only)©
2010 Shanghai Scientific & Technological Literature Publishing House

All Rights Reserved
版权所有，翻印必究

图字：09-2009-465

责任编辑：石　婧　陈云珍
美术编辑：徐　利

人体错觉中的科学

[美]吉姆·维斯　著　蔡和兵　译
出版发行：上海科学技术文献出版社
地　　址：上海市长乐路746号
邮政编码：200040
经　　销：全国新华书店
印　　刷：江苏常熟市人民印刷厂
开　　本：740×970　1/16
印　　张：7
字　　数：107 000
版　　次：2014年4月第2次印刷
书　　号：ISBN 978-7-5439-5239-3
定　　价：18.00元

http://www.sstlp.com

目 录

第一章　真实感 …………………………………………… 1

第二章　奇怪的感觉 ……………………………………… 5
亚里士多德错觉 …………………………………………… 7
飘飘欲飞 …………………………………………………… 8
轻量思考 …………………………………………………… 9
不可思议的萎缩立方体 …………………………………… 10
一个点还是两个点 ………………………………………… 11
是冷还是热 ………………………………………………… 12
为什么干的手我却感觉是湿的 …………………………… 13
恐怖感 ……………………………………………………… 14
揭示内心的秘密 …………………………………………… 15
为什么我写不了自己的名字 ……………………………… 16
掌握倒写 …………………………………………………… 17
旋转的世界，静止的你 …………………………………… 18

第三章　奇音怪味 ………………………………………… 19
听到一个声音却不知它在哪里 …………………………… 21
在山里也能听到大海的声音 ……………………………… 22
你也能成为音效师 ………………………………………… 23
保守秘密的诀窍 …………………………………………… 25
秘密如何走样 ……………………………………………… 26
值得重复的错觉 …………………………………………… 27
有味道的木头 ……………………………………………… 28

索然无味的咖啡	29
洋葱和苹果一个味	30
假的甜味	31
以假乱真的食物	32

第四章 奇怪的形状和大小 … 35

对眼睛的小小挑战	37
高估的高度	39
交替的形状	40
不可能的图	42
一枚硬币引发的思考	44
月亮错觉	45
波根多夫错觉	46
艾姆斯梯形窗错觉	47

第五章 疯狂的颜色 … 49

边缘凸出	51
赫尔曼栅格错觉	52
康士维错觉	53
班汉姆陀螺	54
梅尔实验	55
朴金耶位移	56

第六章 幽灵出没 … 57

眼球移位产生的移动	59
视　差	60
部分之和	61
月亮为什么老跟着我	61

虚假的运动 …………………………………………… 62

瀑布错觉 ……………………………………………… 63

会跳舞的星星 ………………………………………… 64

伸直的圆形轨迹 ……………………………………… 65

环绕轨道的圆圈 ……………………………………… 66

似动现象 ……………………………………………… 67

动画与电影 …………………………………………… 68

频闪效应 ……………………………………………… 70

让运动停止 …………………………………………… 71

把自己变成一个频闪观测器 ………………………… 73

无孔钢丝 ……………………………………………… 74

变　钱 ………………………………………………… 75

会弯曲的铅笔 ………………………………………… 76

第七章　海市蜃楼及其他视觉怪象 …………………… 77

虚幻的池塘 …………………………………………… 79

囚犯的影院 …………………………………………… 80

眼前的斑点 …………………………………………… 82

鬼魅树影 ……………………………………………… 83

第十一根手指与独眼朋友 …………………………… 84

三维立体画 …………………………………………… 85

掌心上的"洞" ……………………………………… 86

这就是极限 …………………………………………… 87

视觉后像 ……………………………………………… 88

由直线形成的圆 ……………………………………… 90

佩珀尔幻象 …………………………………………… 91

弯曲的影像 …………………………………………… 92

变扁的太阳 …………………………………………… 94

第八章　伟大的误解 …………………………………… 95
地球是平的 ………………………………………………… 97
地球是宇宙的中心 ………………………………………… 99
物体回归天然位置 ………………………………………… 102
重物下落速度更快 ………………………………………… 104

真实感

此时此刻,你正在感受着这本书:你正在阅读其中的文字;如果你把书拿在手上,你正感受着它的重量和光滑的书页;你或许还闻到了阵阵书香。不错,是这样的。这有什么新鲜的呢?

说实在的,你怎么知道这本书是真实存在的,而不仅仅是你的想象或错觉呢?在你的感觉中,这本书是真实的。你可以通过下面的事实来证明:

1. 你能看见它。
2. 你能触摸到它并感受到它的重量。
3. 你能闻到它的气味,甚至还能尝尝味道。
4. 你能大声地阅读并听到其中的语句。
5. 你可以让别人也来感受一下,从而证实你自己的感觉。

简而言之,你通过此时此刻你所有感觉器官所接受到的各种感受来测试事物的真实性。如果这些感受彼此吻合,你就体会到了真实感。

值得疑问的主题

那么,到底什么是真实呢?有一个笑话巧妙地阐释了对真实的3种不同观点。3位棒球裁判在谈论他们如何判球和击打。第一位裁判说:"我看到了就判。"他相信他的视觉能为他展示真实。第二位裁判自以为要比第一位裁判高明:"我根据事实来判。"他认为基于视觉的判断都是正确的。自信要比前两位都厉害的第三位裁判笑了笑,大声说:"我判什么球它们就是什么球!"他认为他的主观判断创造真实,至于球是否实际在击打区并不重要。

有史以来,真实的问题一直困扰着哲学家、心理学家、科学家、作家以及其他的真理追寻者。他们在言谈和著述中不断地探讨这些严肃的问题:什么是存在?("生存还是毁灭?")什么是意识?("我思故我在。")如果森林里的一棵树倒下时没有任何人听到,那么这棵树发出了声音吗?这些问题值得每个人深思。试一试吧!迄今为止,这些问题都还没有最终的权威解答。不过,鉴于前面提到的你对本书的真实感受以及后面你即将阅读到的内容,我认为真实性有以下3个方面。

首先,真实取决于这本书的物理特性以及这个宇宙除你之外的物理特性。这本书的物理特性包括其尺寸、形状、重量、书表面的反光、朗读

语句的声音以及纸张和油墨的化学结构。能促使人产生反应的物理特性被称为刺激。

其次，真实还包括感觉，也就是你身体对外部刺激或事件产生的各种反应。这些反应首先出现在特定的感觉器官，如眼、耳、鼻和皮肤等，它们有一个共同点，那就是都富含神经细胞。能对刺激做出反应的神经细胞称为感受器，它们负责将刺激信号传送到大脑。

显而易见的是，你眼睛里的感受器对光敏感。从感受器的数量来说，视觉被认为是我们最主要的感觉。人体70%的感受器细胞位于眼睛。声音主要通过耳朵来感受，不过皮肤也能感觉特定的声音震动。你的鼻子和口腔的感受器则对化学物质很敏感。当它们直接接触到某些特定的化学分子时，就向大脑传递信号。我们对气味和味道的化学感觉被认为是我们最原始的感觉。其他动物，包括狗和鱼，在这方面要比我们发达得多。许多低级动物的基本生存就依赖于此。最后，你皮肤和内脏的触觉感受器能对各种温度、压力以及疼痛做出反应，于是当一只苍蝇在你手臂上爬行，当你触摸着天鹅绒，或者当茶壶太烫手时，你立即就能感受得到。触觉的美妙促使伟大的希腊哲学家亚里士多德把它当做最重要的感官。对他而言，触觉是真实的终极检验手段。如果你能触摸到它，那它肯定就真实存在。

最后，真实还包括你过去经历所获得的知识。你的感官如何在过去应对刺激，你的大脑如何分析信息，你如何行动以及你的行动后果都在影响着你现在的感受。你花了大量的时间学习语文，然后学习阅读，然后体会到某些书会给你带来的愉悦，这些都构成此时此刻你阅读本书的真实感。

关于欺骗自己

知觉是来自物理世界的刺激，你对这些刺激的感觉以及你的分析经验所形成的总体意识。知觉是你了解真实的最基本方式。不过，尽管你的知觉似乎很准确，但它们常常有不足和局限。你很容易被错觉误导，无法准确地感受到真实，只能体会到某些看起来或者摸起来是真实的东西。当你意识到一种知觉错误时，你会感到很奇怪。你的大脑明白你的感官在欺骗你。"illusion(错觉)"一词来自一个拉丁语词根,意为"愚弄,嘲笑"。你的眼睛和耳朵以及其他感官都能捉弄你。

这正是本书所要讲述的内容:发现你知觉的弱点和局限,创造各种错觉,设定矛盾的情景。在这些情景里,你的感官和你的大脑会告诉你不同的信息。错觉的发生有很多原因:其中部分是因为你感官的内在局限性,部分是基于不同感官的矛盾信号,有些来自虚假的预测,还有的在于这个物理世界本身。

如果我们能从生活中吸取什么教训,那就是我们会犯错误。基于虚假知觉的判断可能会酿成错误(不幸的是,它们有时可能被证明是正确的)。本书所列举的那些欺骗自己的小实验证明了重要的一点:我们大多数人的知觉方式都是大同小异的,而我们的知觉同样会误导我们。我们所有人都能体会到这些错觉和实验。有时要花一点时间练习才能获得这些体会。因此,如果你没有立即"获得"错觉,请继续尝试。

纵观人类的科学史,了解我们如何被感官愚弄具有特别重要的意义。正因为知道了我们的短处和局限,人类才创造了工具加以弥补和拓展。望远镜和显微镜显然延伸了我们视觉的极限。计算机的记忆使得它在计算时不会出现任何差错。伟大的科学家创造出原子和分子等我们从来没有看到过的物体的模型,从而能解释我们实际感受到的事物。这些概念创造出的事实有助于我们理解宇宙,并把我们引向另一种类型的真理。意识到我们如何被误导并帮助我们不再自欺欺人。

或许我们最大的错觉就是我们必须每时每刻都正确。如果真是这样,你就来对地方了。这本书是人类失败的一次冒险之旅。做好准备,去享受许多看似微不足道却又颇有启发意义的错觉体会吧!

奇怪的感觉

希腊哲学家亚里士多德（公元前384~前322）最早提出人体只有5种感官。他把我们的第五种感官称为"触觉"，尽管他并不能肯定它是否与视觉、听觉、味觉和嗅觉一样是一种独立的感官。现代人对触觉提出了众多的分支和特性，以至于对这种感官的理解变得很困难，甚至很混乱。其中部分特性包括压力、接触、深度压力、肌肉张力、刺痛、深痛、短痛、热、冷、眩晕、饥饿、渴、痒、振动等。

在亚里士多德之后两千多年的今天，触觉依然是我们最神秘的感官。与其他在人体有着特定位置的感觉器官不同，触觉遍布人体约两平方米的皮肤以及皮下更深层的肌肉和器官。科学家成功分离并研究了人体皮肤中4种不同类型的神经，它们似乎分别对热、冷、压力和疼痛敏感；不过，他们对何种神经负责何种感觉还有分歧。关于触觉最流行的理论是：这些不同特性是不同神经放电模式的结果。神经放电是指在实验室测量中，通过神经纤维的一次电冲动。不同的刺激种类会导致不同的感受器放电。神经放电的不同组合就产生了不同的感觉。尽管最近一百多年来进行大量的针对触觉的研究，但许多科学家都一致认为：我们才刚开始体会到我们究竟有多么无知。

对于后面的实验，如果有现成的科学解释，我会告诉你。如果解释正等待被发现，我就只描述错觉。或许你能梦想出你自己的实验来探索这些奥秘。常常一种现象的解释可能恰好是另外一种现象的描述。不过有一点是肯定的：本章中的实验和错觉会让你感觉到正在发生的事情确实很奇怪。

亚里士多德错觉

感觉脸上有两个鼻子。

因为亚里士多德认为触觉是验证真实的最重要感官,这个触觉错觉就以他的名字命名吧。

错觉游戏

把你最常用的手的中指交叉放在食指上,就像说谎话的手势一样(你会发现你的手也会对你说谎)。把你交叉的两个手指的指尖在鼻梁上上下滑动,使"V"字形的指尖两边分别接触鼻子的两侧。感受你"两个鼻子"之间的距离变得越来越宽,尤其是在鼻尖处。闭上眼睛有助于你产生这种错觉。

原来如此

亚里士多德错觉属于一类被称为"错位假设"的错觉。你一生都在通过你没有交叉的指尖获取信息。当你在触摸事物时,你知道这些指尖的位置。一旦你把手指交叉起来,你就改变了它们一贯的对应关系,你的大脑陷入迷惑,因为你对感觉的分析仍然基于这些手指以前的位置。

这里又有多种变化。用交叉的手指去感受大理石或者上下抚摸一支铅笔。你会感觉到你触摸到的任何东西有两种感觉。把你的示指放在一个朋友的食指上,然后用另一只手的食指和大拇指沿着这两个食指抚摸,你会感觉到与你真实感受不一样的东西。有些孩子把它称为"死人皮肤"。

飘飘欲飞

感受你的手臂在你没有有意支配的情况下自己举起来。

错觉的产生

在这种错觉中,你似乎感觉你的身体可以不受控制,自己作主。通常需要用力才能完成的动作突然变得轻而易举了。

首先,给自己一个作比较的基础。直立,双手向两侧平举,感受手臂的重量和肌肉的张力。

现在站在一个门框里,双手下垂,掌心向内。双手向外举起,手背抵住门框。尽量用力,并慢慢默数到30。你的手臂因为用力会出现轻微抖动。

数到30后,离开门框朝前走几步,让手臂垂于身体两侧,彻底放松。你的手臂会自己抬起,似乎要带你飞翔一样。

错觉的起因

当你用手背紧压门框时,你的肌肉会像你主动举起手臂一样发生收缩,而门框却阻止了你的手臂真正打开。你朝前走开,摆脱了这个阻碍,但你的肌肉还在继续收缩,从而抬起了你的手臂。这个结果有点像视觉后像(见第七章)。如果你先举一个重物,紧接着再举一个较轻的物体,你对第二个物体重量的判断会受到你上次经历的影响,你会感觉第二个物体要轻很多。同样道理,棒球运动员在热身时会同时握住几根球棒练习挥棒,当他们踏上本垒板后挥动一个球棒时相对而言就显得轻很多,从而可以挥动得更快,球棒在接触到球时冲击力就更大。

轻量思考

一个小的物体会感觉比一个大的物体更轻,尽管两者重量相同。

错觉的产生

哪个更重?一千克羽毛还是一千克黄金?许多人会上当,回答是一千克黄金,因为黄金似乎要比羽毛"更重"(其密度确实更大)。

你并不需要黄金和羽毛才能自己加以验证。我从家中挑出两样物体来做这个实验:一小罐金属容器盛装着姜末和一盒速食面,在我的天平秤上,它们的重量完全一样。其实任何两件大小差异很大而重量却一样的物体都可以。然后我把这两样物体递给朋友和家人,让他们猜哪个更重。每个人在掂量了它们之后都毫无例外地说金属容器更重。

错觉的起因

经验告诉我们,通常体积小的物体要比体积大的物体轻。于是我们自然而然也预期小的物体要比大的物体轻。我们在举起一大一小两个物体时,我们的预期没有得到满足,结果是小的物体要感觉重一些。但是这种解释也有问题。即便我们知道它们重量相等或者我们闭着眼睛去举,错觉继续存在。

显然,这种错觉的解释值得更加深入地研究。

不可思议的萎缩立方体

感觉在你手指间的方糖变得越来越小。

错觉的产生

你需要一把放大镜、一条手帕、一块方糖（也可用骰子或者其他小的立方体）。用手帕盖住你的常用手。透过手帕用大拇指和食指、中指触摸立方体，同时用放大镜加以观察。持续几分钟，确保你的手指捏着立方体的棱角。然后闭上眼睛，继续用手抚摸立方体。几秒钟之后，立方体似乎在萎缩。你可能需要多尝试几次才能感受到这种错觉，一旦感受到这种不可思议的效果，你就会觉得付出的努力很值得。

错觉的起因

视觉是我们起主导作用的感官。当我们同时从触觉和视觉获得自相矛盾的信息时，我们知觉到我们的所见，而不是所触。透过放大镜看到的立方体要比真实的立方体大，而你的触觉受到你所"看到"的尺寸大小的引导。当你屏蔽视觉，仅仅通过触觉来接受信息时，你知觉到的是立方体的实际大小。

你手指的大小也可以帮助你感觉到握在手中物体的大小。而手帕使你看不到自己的手指，错觉就显得更逼真了。

一个点还是两个点

你的皮肤感觉只有一个点在戳你,而实际上是两个点。

错觉的产生

取一个大的发卡或纸夹,打开成"V"字形,使两个尖头分开约2.5厘米。闭上双眼,用尖头按压你的手背。你感觉到一个点还是两个点?现在用它们按压你的后背。你感觉似乎只有一个尖头在戳你。

你能感觉到的两个点的最小距离是多少?这个距离在身体的不同部位一样吗?你可以与一个朋友一起来验证。你们一个是测试对象,另一个是实验者。实验者有时用一个点有时用两个点触及受试者身体的不同部位,受试者蒙住双眼,回答他(她)感觉到一个点还是两个点。改变尖头间的距离。你会发现,身体的不同部位在感受刺激是一个点还是两个点时敏感度有差异。

错觉的起因

科学家对身体确定两点间距离的敏感度进行了大量的研究。其中一项研究表明,在5个手指中,中指的敏感度最高,它能感觉出相距仅为2.5毫米的两点。腿肚子在体表中最不敏感,两点距离达到47毫米时它才能感觉出来。

科学家还标出了大脑中感受身体各个部位的对应区域。与前额相对应的区域面积与大拇指的对应面积相当。也就是说,尽管大拇指的实际面积要比整个前额小很多,但它比前额敏感得多,因此两者在大脑中所占的感知空间几乎一样。

是冷还是热

在同一碗水里,一只手感觉热而另一只手却感觉凉。

错觉的产生

准备3只大碗。往一只碗里倒入室温左右温度的水,第二只碗里装冰水,第三只碗装热水(热到你的手能舒服忍受的极限)。一只手放进冰水,另一只手放进热水,保持30秒。然后将两只手同时插入室温水。先前放在冰水里的手会感觉水很热,而先前放在热水里的手会感到水很凉。如此说来,你的感觉取决于两只手原先的状态。

错觉的起因

这个错觉是法国著名数学家和哲学家笛卡儿(1596~1650)发现的。他从这个实验以及其他观察中得出结论:相信你的感官并不能洞悉真相。确切的真相只能来自思想,包括怀疑自己感官的思想。

因此,他说:"我思故我在。"他认为存在和真相是由人们的自我意识来界定的。

为什么干的手我却感觉是湿的

你的手明明是干的,不过感觉上却是湿的。

错觉的产生

戴上一副橡胶手套,然后把手伸进冷水中。要不是你知道你还戴着手套,你肯定以为你的手已经弄湿了。现在再尝试一下热水吧,感觉没有那么明显。科学家认为"湿"的感觉由两个部分组成:一是冷,二是均匀分布于皮肤表面的压力。

错觉的起因

皮肤是我们最敏感也是最可靠的信息收集器官。我们常常单独凭借触觉就能做出正确的判断。我们能准确地鉴定物体的软硬、光滑、粗燥、黏稠、油腻和干湿等特征。科学家一直试图弄清每一种特别感觉的对应部位,不过直到现在都还没有成功。他们猜测这些感觉是"触觉混合"的结果。从理论上说,如果你的触觉混合(如湿感)的组成部分被破坏了,你能通过重组这些成分,而无需利用湿的物体来刺激这种感觉。透过橡胶手套感觉到的冷水也能给你平均的压力,使你感到你的手是湿的,尽管它们是干的。

下面是对其他皮肤"感觉"的分析。看看你是否能够想出办法来人工创造这些感觉。

▶ 硬——压力均匀而且冷,有明显的边界。
▶ 软——压力不均匀而且温暖,没有明显的边界。
▶ 黏稠——压力不均匀,有移动和拉扯。

这个领域期待一些开创性的发现。让我们一起为之奋斗吧!

恐怖感

感觉眼球、大脑和心脏死亡——仅仅是玩笑而已!

错觉的产生

闭上眼睛,运用一点想像力,感受人体的死亡部位。这些错觉是万圣节和鬼屋的那套把戏。一边想着阴森可怕的事情,一边抚摸以下食物:冰冷而湿乎乎的葡萄是大大的眼球;凉而湿的并且煮熟的意大利通心粉摸起来就像大脑;把一整只番茄放进沸水煮20秒,然后捞起来剥掉外皮,放进冰箱冷却。用手握住冰冷的去皮番茄,想象这是一颗心脏。

与你的朋友分享这些奇怪而恐怖的感觉,朋友不就是派这些用场的吗?让你的父母跟朋友一起来尝试尝试。

错觉的起因

制造这种错觉最好的办法,就是告诉一个蒙住眼睛的人说他(她)将触摸到一些死亡器官。然后把受试者的手放进碗里。你所做的就是引导一个有意识的预期。动作要快,让你的作弄对象没有时间仔细思考。

这些材料有一个共同点:黏糊糊的。科学家把这种特征描述为"冷冷的,软软的,感觉在滑动,并且伴随着恶心的想象画面"。部分科学家认为焦虑、爱以及憎恶的情绪仅仅是体内化学变化引起的皮肤感觉而已。或许刻骨铭心的情感并没有那么深刻。爱与恐怖一样,可能都非常肤浅。

揭示内心的秘密

摇晃的摆锤能揭示你内心最深处的情感。

错觉的产生

你对自己了解多少？或许你有着某些连你自己都没有意识到的欲望。或许你在欺骗自己却一直蒙在鼓里。现在介绍一个妙招，它能告诉你自己的真实想法。你需要在一根约25厘米长的线的下端，系上一个重物做成一个简易摆锤。

让重物自由下垂。尽可能稳地握住线的另一端。摆锤作圆形运动意味着"是"，而前后运动则意味着"否"。然后开始问自己问题并观察摆锤的运动。这些问题可能是："我真的喜欢……吗？""我是否希望……事情发生？"然后试着问几个答案显而易见的问题，仅仅是为了测试摆锤的运动方向有多么准确。例如，"我的名字是……吗？"看看你是否能得到正确的反馈。

错觉的起因

每个人都有肌肉张力，但它很小，以至于很难觉察到。这种"隐蔽性"紧张常常被掩盖或隐藏起来。而摆锤的运动轨迹则把这些细微的肌肉运动放大了，从而揭示出对你所问问题的隐蔽性肌肉反应。

让你的朋友尝试一下这个实验。一定要他们尽可能稳地牵住摆锤。给每一个问题留出一定的回答时间。

为什么我写不了自己的名字

有时你根本无法签下自己的名字。

错觉的产生

在桌边坐下,桌上摆着纸和铅笔。用你最常用的脚在地上画圆圈。脚开始动起来后,用眼睛观察以确保脚的运动轨迹是圆形的。现在开始用你最常用的手握住铅笔在纸上签下你的名字。纸上杂乱潦草的字迹会让你感到气馁。如果你成功地签下了相当清晰可辨的名字,很有可能是你的脚在跟着你的手运动,而没有在画圈。

错觉的起因

来回摩擦腹部的同时轻拍头部也会遇到这类肌肉协调问题。一套动作与另一套动作彼此竞争,相互干扰,结果没有一套动作可以顺利完成。不过,只要加以练习,你有可能驾驭这种协调。有些古怪的人会觉得做这样的练习很有意思。

掌握倒写

你可以逆向书写。

错觉的产生

现在教你一个法子去欺骗自己做一件你认为是不可能完成的任务。拿半张纸垫在你的额头上。把铅笔尖（以这种角度书写，圆珠笔很快就会写不出）放在你额头左侧的纸上。然后一笔写下（字与字不要分开）一个单词或短语，如"你好"或者"我爱你"。要写得快，就当额头上的纸此刻正放在你前面的书桌上一样。不要在书写的时候停下来想你正在做的事情。

等你写完之后，拿下纸张来看。你写的符号或许有点像象形文字，难辨其意。别急，把纸翻过来，拿到亮光下看，或者直接拿到镜子前看，这下你肯定看得出你写的是什么了。

错觉的起因

以这种姿势书写时，你的左半脑和右半脑会陷入迷惑，你会自动开始按照肌肉的记忆逆向书写。会这种倒写的人屈指可数，达·芬奇是其中之一。

旋转的世界，静止的你

感觉地球在你脚下移动，而你却静止不动。

错觉的产生

拿一根棒球棒，手柄朝上放在地板上。弯腰，使前额抵住球棒手柄末端，然后绕球棒走3圈。现在直立，你是否感觉地面在你脚下旋转？

错觉的起因

你刚才的一套动作破坏了你的平衡感。一位专门研究眩晕的专家告诉了我这个方法，并说它绝对屡试不爽。

你的平衡感由你内耳中的3个管状结构控制。当管里的液体被晃动时，你就会感到眩晕。头朝上身体旋转会使这种液体沿一个方向运动。不过你如果改变头的位置并转圈，这些平时不常有的动作将使你感受到东倒西歪，天翻地覆的感觉。幸好，这种感觉很快就会消失。

奇音怪味

你或许听说过在森林里迷路的人在绕着大大的圈子的同时还认为他们在走直线。他们认为正确的方向感其实是错觉。事实上，在这种情况下，听觉要比所谓的方向感更有助于你找到出路。听觉对知觉距离和方向都十分重要。回到文明社会的最佳方法就是循着声音走，如小溪的流水声。当这些声音变得越来越响时，你离它们也就越来越近了。

我们的耳朵很神奇，能辨认大量不同的声音。耳朵里有一层薄薄的、十分敏感的膜（即鼓膜），能对声音做出反应。声音的形成是通过空气振动，而振动的空气能压迫鼓膜，促使它们产生运动。鼓膜的运动随后经过一系列十分复杂的过程被转换成神经冲动，传输到大脑。耳朵的敏感范围很大。我们能听到最简单的声音，也能欣赏复杂的交响乐以及语音的细微变化。我们的大脑还能专注于不同类型的声音。如果我们注意力集中，就能排除干扰我们的嘈杂的背景噪声，捕捉到一根针掉在地上发出的轻微声音。

很多时候，我们被我们分析声音的方式所欺骗。如果你深夜独处，你可能会听到各种阴森怪异的声音。其实这往往是因为在那种情况下，你的想像力开始过度活跃的，是你的大脑，而不是你的耳朵听到的这些声音。

你的味觉和嗅觉的化学感官也可能被欺骗。味觉的感受器位于舌头、咽喉以及口腔上壁的味蕾。它们在接触到唾液中的食物分子时会产生冲动。气味的感受器位于鼻腔上部的内膜，它们在接触到特定的化学分子时也会产生冲动。

嗅觉的特殊性体现在两个方面：一是它极为敏感。科学家估计嗅觉要比味觉敏感1万倍，嗅觉感受器能捕捉到极少量的分子。二是嗅觉在所有感官中适应能力最强。当你接触到一种强烈的臭味时，你会立即觉察到。然而，仅仅几分钟之后，你就适应了，甚至忘记了这种气味的存在。

嗅觉和味觉密切相关。没有嗅觉，美食几乎变得毫无意义。味觉也会被局限在基本的酸、甜、咸和苦当中。没有嗅觉，你可能会被你的味觉欺骗。品尝食物还受到触觉的影响。食物的质地和温度，也就是食物在你口腔里的触觉，也是你对该食物知觉的一部分，而这部分也可能是一种错觉。

听觉和化学感官的错觉十分有趣。不过，与视觉相比数量相对较少。正因为如此，我把它们放在一个章节里。接下来就让我们一起来聆听或品尝虚假的奇音怪味吧！

听到一个声音却不知它在哪里

你无法辨别声音来自何方。

错觉的产生

蒙眼坐在房间中央的凳子上,头部保持静止。让3位朋友依次在你的头顶上方、前面和后面拍手。拍手者不能发出其他任何声音,并且要离你足够远以至于你无法觉察拍手引起的空气流动。拍手的位置应该保持在你头部中央的假想直线上,并与你两只耳朵的距离相等。你将无法辨别掌声来自哪里。

错觉的起因

声音定位取决于声音到达两只耳朵的细微时间差。当声音到两耳的距离稍有差异时,它到达一只耳朵的时间就会比到达另一只耳朵的时间慢零点几秒。但如果声音的源头与两耳等距,同时到达,你就无法确定声源的位置。你只需转头或仰头,改变声源距双耳的距离,就能帮助你发现它的方向。

视觉也能混淆你辨别定位声音的能力。有一项科学研究证明了这一点。研究中的测试对象坐在凳子上,双脚离开地面,头部以支架固定,不能移动。四周围上有竖条纹的浴帘。转动浴帘,让竖条纹——从测试对象的眼前经过。从测试对象正前方但在浴帘

后面发出的声音会让受试者感觉声音来自他的头顶上方。

移动的浴帘造成了一种运动的错觉。眼前经过的竖条纹让你感觉似乎你在沿着条纹移动的相反方向运动,经过你眼前正对的那个点。

经验告诉我们,声音会随着运动而改变。例如警笛或火车汽笛在它们经过你或者你经过它们时声音高低会发生变化。如果你在视觉上形成移动的错觉,你知道你似乎经过的一个声音不可能一直不变。因此要解决这个矛盾,你会把来自你正前方的声音知觉成来自你的头顶上。

在山里也能听到大海的声音

在远离大海的地方倾听大海的咆哮。

错觉的产生

把一只海螺的口贴着你的耳朵。如果手边没有海螺,用空罐子也可以。你是否清楚地听到了浪花拍击海岸的轰鸣声?

错觉的起因

来自你周边环境的声音,包括你耳朵摩擦海螺或罐子边缘的声音,会因海螺或罐子里面空气的振动而得到加强。这种被称为共鸣的强化声音很像遥远的大海的咆哮。

你也能成为音效师

你也可以利用常用物品制造出各种声音。

错觉的产生

广播、剧院以及电影都在模拟各种声音以达到戏剧化效果。现在人们还使用电脑来创造大量的声音效果，不过还是有很多人宁愿借助于天然的声音。下面列举了一些早期的音效师创造环境声音的方法。你可以动手试一试。有些需要电子设备。如果你有一个传声器（麦克风）和话筒，你可以做直接扩大声音的实验。如果你有录音机，录下你创造的音效，然后回放。如果你没有电子设备，那就凭借你对大自然的体验，闭上眼睛，发挥你的想像力。

雨声——你有几个选择：在一个金属煎饼锅里倒入1/4杯干豆子，握住锅柄柔和地圆形晃动；把沙子或大米倾倒在一粒乒乓球上；用蜡纸做一个斜槽，从斜槽的上方滴滴答答地倾倒糖粒，使它们沿斜槽滑落下来。

风声——在椅子背后抽动丝巾。要制造树林中的风声效果，在传声器（麦克风）旁摇晃金银丝织品。

雷声——对着传声器（麦克风）轻柔地呼吸，或者握住一块软面包片的一角摇晃。要制造出最好的效果，你可以握住通常用于办公室椅子下面来保护地毯的一大块塑料椅垫使劲摇晃。

海浪声——把干豆子或大米连同一些砂砾放进一个塑料箱里。合上箱子。有节奏地分别

抬起箱子的一头,使里面的东西沿箱子沙沙地滑动并撞击到箱子的另一头。

火的燃烧声——对着传声器(麦克风)揉一大块赛璐珞(玻璃纸)。

雾角(雾中警号)——沿一个空的汽水瓶口平吹。瓶里加一点水会增加音高。把它与海浪声结合就能营造出海岸的效果。

枪击声——用直尺用力抽打皮椅背或者木头表面。

机关枪声——用两支铅笔快速而无规律地敲击燕麦片的空盒子底部。

爆炸声——挤爆一个纸袋子,并用你的录音机能达到的最快速度录下这种声音,然后以最慢的速度回放。

瀑布声——以较快的速度录下水从水龙头流出的声音,然后以较慢的速度播放。

火车声——有节奏地摩擦两块砂纸,并慢慢加速。

马蹄声——这个很经典。需要一定的练习才能把握好节奏。用两半椰子壳(或者小木碗)。节奏是快速的三连音,并在最后一个音拍上加重——踢踏哒,踢踏哒。如果你用椰子壳敲打浴室地板,听起来似乎是马在水泥地上奔跑。如果你敲击有衬垫的表面,听起来就像是马在草地上驰骋。

喷气机的声音——将吹风机的出气口盖住,使马达发出嗥叫。

雪地上的脚步声——用一只小塑料袋装满面粉,然后用它有节奏地击打硬物表面。

打电话的声音——对着一只小塑料杯说话。

错觉的起因

声音的错觉几乎完全取决于听者的已有经历。上述所有的人造声音与真实场景声音的成分部分相同,因此足够引起错觉。

保守秘密的诀窍

你听不到身边朋友的任何窃窃私语。

错觉的产生

与朋友背靠背坐好。你们当中一人轻轻地说一句悄悄话,另外一人却听不到。在室外做这个实验要比室内效果好。在室外,即使你的朋友以平常说话的语音语调背对着你耳语,你也不可能听清他(她)在说什么。

错觉的起因

声波在传送过程中会像水波一样绕过不明的小物体。正常语音的低音声波能轻易绕过说话者的头部。因此即便对方背对着你,你也能听到他(她)说的话。

然而耳语的声波却不容易改变方向。它们不会绕到说话者的后面,使听者听到只言片语。不过耳语的声音能够从墙壁上反弹回来,因此你在室内做这个实验会露馅。事实上,耳语声从墙壁反弹的方式与语音的回声不一样,结果又产生了回音壁这种错觉。一个人在回音壁的一端耳语,另一端的人能听到这个似乎从附近发出的声音。在回音壁里,两个人可以隔着整个房间远远地说悄悄话。

秘密如何走样

看信息如何从一个人传递到另一个人的过程中变得面目全非。

错觉的产生

召集尽可能多的朋友——至少10个。大家排成一列,或站或坐。在纸上写一句简单的话。把这句话耳语给第一个人,他(她)听完之后再耳语给第二个人,依次类推。让最后一位大声重复刚刚听到的话。很有可能这句话与你在纸上写下的话并不完全一致。这个现象就是"谣言"游戏的基础。

错觉的起因

人们有选择性地听。他们更注意熟悉的信息,并根据自己的理解用原先信息里没有的词汇加以替代(或者遗漏一两个词)。

原信息与最后信息的区别,不是一次知觉错觉的结果,而是每个参与者知觉错误的总和。如果说这里有什么教训可以吸取,那就是你和你的朋友不是录音机。正因为如此,道听途说的证词不会被法庭采纳,它很可能不准确。你无法完全准确地重复别人对你说过的话,并把它当做证据。

值得重复的错觉

重复多次念一个单词后会不由自主地念成另一个单词。

错觉的产生

你可能认为你能够大声地重复一个简单的英语单词,无论你重复多少遍,这个单词的发音都会一模一样。可事实上不会。快速地反复念"say"这个词。到一定时候你可能就把它念成了"ace"。在"ace"停留一阵之后,它又会突然变回"say"。

错觉的起因

科学家把这种现象称为"言语交替"。许多单词在大声重复时都会出现言语交替。试试"rest"。它会变成"tress"甚至"Esther"。你无法控制这个单词可能出现的替代形式。你在无意识地重组某些语音从而发出其他单词的音。

有味道的木头

发现无味的木头变得有滋有味的方法。

错觉的产生

找一根木制汤匙的柄（汤匙的头部可能已经带有它搅拌过的调料的味道），一根木头咖啡搅拌器或者一根干净的冰淇淋棒，或者一根医用压舌板。用这个木头刺激物按压舌头的不同位置，即舌尖、舌两边以及后部。根据它触碰的位置，看看这根木头是否会带上甜、酸、咸、苦4种基本味道之一。

错觉的起因

味觉感受器位于舌头上被称为味蕾的隆起部位。不同的味蕾负责感受不同的基本味道。尽管舌头的各个部位都分布着感知所有4种味道的味蕾，但是舌尖有着更多的甜味感受器，舌的两边有着更多的酸味感受器，而舌后部的苦味感受器更多。与其他味觉感受器相比，咸味感受器的分布更均匀。

告诉我这个错觉的人声称，一个没有任何味道的物体的机械刺激也能使味觉感受器产生冲动，使它似乎有了味道。我在不同的人身上做这个实验时，得到的结果各不相同。这可能是因为有些人比其他人对味觉更敏感。

索然无味的咖啡

消除你口中咖啡的特有味道。

错觉的产生

用手捏住鼻子,然后在嘴里放入一些刚喝完咖啡留下的咖啡渣。慢慢咀嚼。现在松开捏鼻子的手。咖啡特有的味道会一下子充盈你的口腔。

错觉的起因

这个实验表明,在完整感受味道时,你的嗅觉有多么重要。你鼻腔的感受器能反应你的味蕾无法反应的各种分子。

现在你知道为什么给一个患感冒的人烹饪山珍海味简直是白费力气了吧?

洋葱和苹果一个味

苹果、生土豆和洋葱尝起来都是一个味。

错觉的产生

将苹果、生土豆和洋葱切成同样大小的薄片。戴上眼罩和鼻夹。如果你不想戴鼻夹,也可以用手捏住鼻子,使其不透气。请一位朋友放一小片上面列出的3种食物之一在你的舌头上。不要咀嚼,直接猜测这是什么食物。如果咀嚼,食物的质地会给你额外的信息,使你很容易就猜出来。

错觉的起因

你会猜错,因为就像上个实验一样,你主要靠这些食物的气味把它们的味道分开。

看看你能否区别可口可乐和七喜。如果蒙住眼睛夹住鼻子,这几乎是不可能的。这两种饮料尝起来惊人的相似,都是以柠檬、酸橙为主要原料的饮料,尽管一个要比另一个更甜一点。借助嗅觉和视觉,你就能轻易地将两者分开。

假的甜味

让不放任何甜味剂的水尝起来也很甜。

错觉的产生

在你舌头的一侧撒上一点盐,等一分钟,让舌头对咸味敏感。然后用汤匙滴几滴水到舌头的另一侧,这时你感觉水是什么味道?我自己发现此时水毫无疑问是甜的。如果这个水稍稍放了一点糖,那它尝起来就会特别甜。

用流水洗净一个新鲜的洋蓟(又称洋百合,有"蔬菜之皇"的美誉),然后把它头朝下沥干。用保鲜膜包紧,用微波炉高温烤7~8分钟。用叉子插入,中间应该很软了。去掉叶子,露出菜心。切掉鬃毛样的颈部。

洋蓟

咬下1/4的菜心在嘴里咀嚼,然后让它在嘴里停留1分钟。现在喝点水或牛奶,会有一种甜甜的味道。吃洋蓟菜叶也会有同样的效果。

错觉的起因

盐使你的味蕾对其他味道变得格外敏感。没有任何味道的物质如水,在舌头的一部分被盐刺激之后也会获得甜味。人们喜欢在甜瓜和葡萄柚上加点盐,因为这会使它吃起来更甜。

洋蓟含有一种化学物质,它能改变舌头上的感受器,以至于水和牛奶也会变得很甜。化学家正试图从洋蓟中分离出这种化学物质,把它用做人工甜味剂。一流的厨师是不会用葡萄酒搭配洋蓟的,因为尝过洋蓟的舌头就品尝不出葡萄酒的真正韵味了。

以假乱真的食物

尝尝没有肉的碎牛肝和汉堡包以及没有苹果的苹果派。简直不可思议!

错觉的产生

制作以下菜肴:

素碎牛肝

你会用到:半碗切碎的芹菜,5只熟鸡蛋,一粒洋葱(切碎),100克碎核桃仁,1/4杯食用油,盐、辣椒、蒜末少许。

1. 往热锅里倒入食用油,把芹菜和洋葱煎黄。
2. 在一只木制的剁碎碗、食品加工器或绞肉机里,将焦黄的芹菜和洋葱以及熟鸡蛋、核桃仁碾成末。
3. 根据个人的口味加入适量的盐、辣椒和蒜末。

最后盛入装有饼干或生菜打底外加一片番茄的盘子,这个冷盘就做好了。

假汉堡包

你会用到:250克小扁豆,两只生鸡蛋,1汤匙黄油,盐、辣椒、蒜末少许,1粒小洋葱(切碎),半杯未加工的蔬菜蛋白(健康食品店有卖),适量的饼干粉,适量的烹调油或植物奶油。

1. 将小扁豆倒入短柄平底锅,加水至盖过扁豆,半盖锅盖小火煨1小时,然后沥干水分,将小扁豆放入大碗。
2. 往锅里放入黄油,将洋葱末煎黄,倒在小扁豆上。
3. 在碗里加入蔬菜蛋白、生鸡蛋以及调味品,用洗净的手搅拌均匀。
4. 揉成小馅饼,每个馅饼外面裹上一层饼干粉。
5. 在长柄小锅里将烹调油或植物奶油加热,放入小馅饼,每一面煎5分钟左右。

这个热菜需要一点番茄酱、一个汉堡卷和一片生洋葱,它们会加强这种错觉。

仿制苹果派

这是个绝好的错觉例子。没有人会相信这是由纳贝斯克公司生产的丽滋（RITZ）饼干而不是苹果做成的馅饼。

你会用到：一个双皮派所需的油酥面（冷冻的也可以），36块丽滋（RITZ）饼干，两杯水，两杯糖，两茶匙酒石，两汤匙柠檬汁，一些磨碎的柠檬皮，一些黄油或植物奶油。

1. 将烤箱预热至220℃左右。
2. 将饼干大致掰碎，放入盛油酥面的馅饼锅。
3. 在小平底锅里加入水、糖以及酒石，用小火煮15分钟。
4. 然后在糖水混合物中加入柠檬汁和磨碎的柠檬皮，冷却。
5. 在饼干上均匀地淋上糖浆。
6. 在饼干各处放入很多黄油，再撒上桂皮。
7. 盖上最上面一层皮，用叉子将边缘压整齐，然后用锋利的刀在顶端切开一个狭长口子，以利蒸汽排出。
8. 烤30~35分钟，直到皮变得金黄松脆。等温度稍低就可以上桌了。

错觉的起因

不同食物的特有味道源自许多特性，其中包括风味、温度以及质地。素食厨师常常在不使用肉的情况下制作出各种很像肉的菜肴。我自己亲自尝试过这些菜肴，发现它们与真的菜肴很接近，但还不是特别像。一位讨厌碎牛肝的朋友也不喜欢这个替代菜品。

上面这些菜肴的品尝者一般很难说出这些食物的真正原料，尤其是那个饼干派。

奇怪的形状和大小

你所看物体表面反射的光线,在你眼球后面被称为视网膜的光敏感区域形成影像。影像的大小部分取决于物体离你眼睛的距离。如果一个人朝与你相反的方向行走,他在你视网膜上的影像就会越来越小。这当然是事实。不过只要不超过极限,你不会觉察到这种影像大小的改变,这也是事实。一个身高1.8米的人即便其影像在你的视网膜上变得越来越小,他看起来还是1.8米高。你把这种影像大小的改变理解为距离的改变。这种随着物体离你远去,其影像缩小,而你头脑中还保持其原有大小的现象被称为"大小恒长性"。艺术家利用这个原理创造出平面画面上的纵深感错觉。巧妙运用线条角度以及物体的大小尺寸就可以给图画一种"远观"的感觉。近处的物体画得比想象中远处的物体大。娴熟的艺术家可以在平面上创造出视觉上的三维效果。在这些画里,远端的物体看起来也很"正常"。而当它们移到前景中就显得出奇的小。

  本章许多经典的视觉错觉,都基于暗示纵深的简单线条构成的图形。除此之外的其他错觉源于我们判断长度的方式。竖线条图形要比横线条图形显得长,尽管两者可能完全一样长。还有一类错觉的形成是因为大脑和眼睛获得的信息自相矛盾。你盯着这些显然很简单的图形看时,它们的形状变来变去,似乎你的大脑对你所看到的东西犹豫不决,无法定论。其实,对于我们为什么能看到我们看到的东西这个问题,还有很多未知等待我们去发现。

  下面就让我们一起来观看错觉,享受困惑吧!

对眼睛的小小挑战

几根线条就很难判断。

错觉的产生

下面许多图形都是以发现它们的科学家来命名的。看图并回答问题。

右图(缪勒—莱耶错觉)中哪根线条更长？

测量一下。这两根竖线一样长。

错觉的起因

心理学家说线条的长度信息并不仅仅是其长度。线条末端的角度也会影响我们的判断。

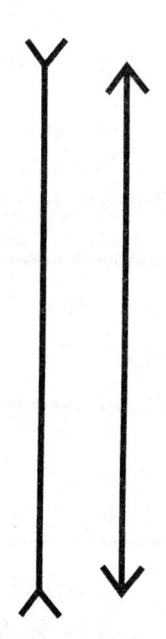

缪勒—莱耶错觉

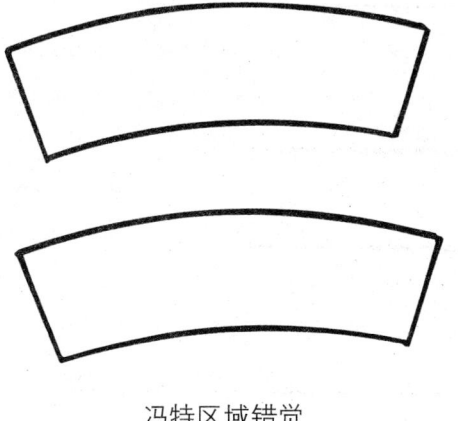

冯特区域错觉

左图（冯特区域错觉）中哪个形状更大？

错觉的起因

这两个形状一样大。上面的图形看起来似乎要小些，因为它的短弧线紧靠下面图形的长弧线。这种独特的位置使得上面的图形显得更小。

下面两个图形中的两组长线是平行的。然而它们看起来似乎在上面的黑林错觉中朝外鼓出来,而在下面的冯特错觉中向里凹陷。

错觉的起因

握住书页的一边,靠近一只眼,闭上另外一只眼睛,沿长线的方向看下去,你会看到两条平行线。此时,附加的线条将变得不明显,从而无法干扰你,错觉也随之消失。

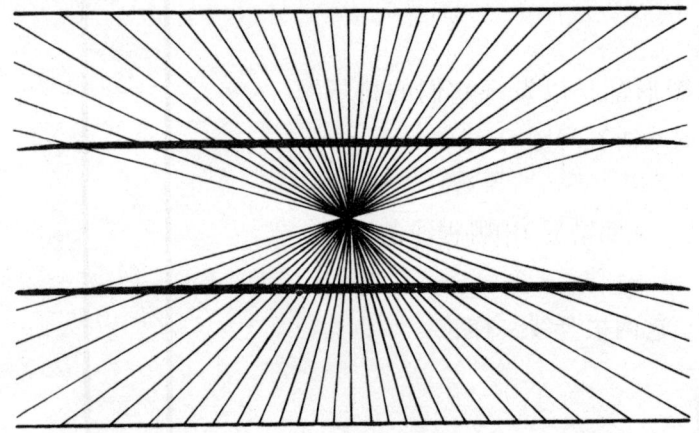

黑林错觉

艺术家也利用这一点来创造画面的纵深感。他们画一些看起来平行的线条,如铁轨,但这些线条却以一定的角度在某一点相交。这个似乎在很远的距离之外的点被称为"消失点",它能产生水平线的感觉。

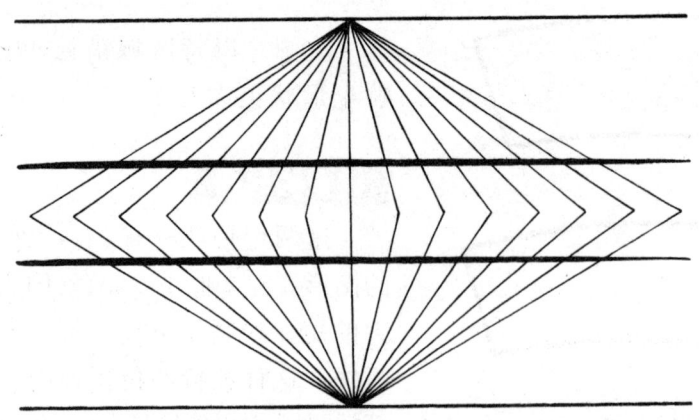

冯特错觉

高估的高度

如果你认为这顶高帽的高度要比帽檐的宽度长,那你就大错特错了。

错觉的产生

看右边这幅图。帽子的高度看起来是否要比帽檐的宽度更长?

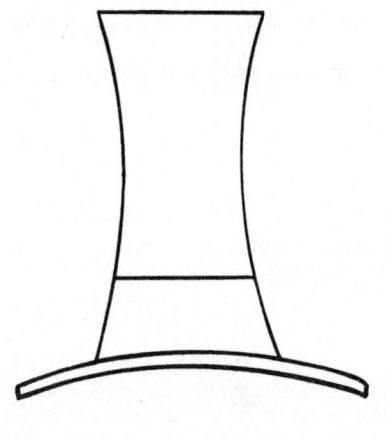

错觉的起因

我们的一个常见错觉就是我们往往把高度看得比宽度更长,即便两者一样。这在心理学上被称为"纵横线错觉"。一棵树直立时要比躺在地上显得更高。当你采购圣诞树时,做一下这个实验吧。

还有一个办法可以检验你的纵向距离感与横向距离感之间有多大差异。首先,在一张白纸上用黑笔画一个小圆点,然后在该黑点正上方约2.5厘米的地方再画一个黑点。接着在与前面两个点所形成的假想直线成直角的假想直线上画出第三个黑点,使这个点看起来与第一个点也相距2.5厘米。用直尺测量第二点与第三点分别距离第一点的距离。看看你的眼睛在估量横向和纵向相等距离时有多么精确?

对这种知觉错误的一种解释是:眼球上下移动判断高度要比左右移动判断宽度更吃力。于是,我们倾向于把高度看得更高是因为我们在看的时候付出了更多的努力。

交替的形状

你盯着看的图形在交替变化。

错觉的产生

先审视一下右边这幅图。你看到的是一只白色的花瓶还是两个黑色的人物侧影?

这本"书"是面向你打开还是背着你打开?

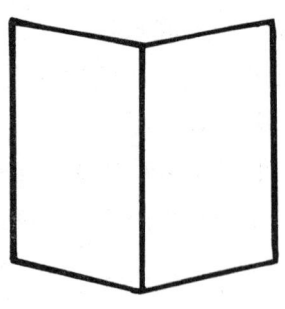

下面这个图形叫贝克尔立方,以第一个画它的人命名。哪个角离你最近?

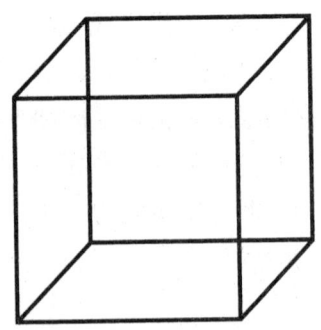

错觉的起因

这是3个两可图的例子。所有的距离、方向以及参照都是一样的。结果,你的大脑无法确定看到的到底是什么,于是你看到两个形状交替出现。有时你看到的是花瓶,有时是侧影;有时书迎着你打开,有时又背对着你打开;有时立方体的一个角离你最近,有时又是另一个角。你可以在一定程度上有意识地控制你看到的图形,然而,过不了多久,图案会不由自主地变回到另一个形状。

科学家可能会问:"这种交替转换的速度有多快?"你可以自己实验一下。图形每转换一次,计数一次。下一个问题是:"是否所有人的图形转换速度都一样?"他们认为创造力强的人要比创造力弱的人转换速度更快。如果你能想出一个研究这个问题的方法,你就有了一个很有意思的科研项目。

西方文化不喜欢模棱两可,并通常把图形看得比背景更重要。许多西方人发现看这种图形让人感到不舒服。东方文化在知觉这种图形时就完全不同了。东方文化包容不确定性和模糊性。太极的阴阳图说明图形和背景如果没有彼此的相互依存就毫无意义。如果在中国或日本长大的某个人与欧洲人或美洲人一样在看这些图形时同样体会到不快,那将是很有趣的现象。

不可能的图

这些图画看起来很真,却不可能在现实世界构建出来。

错觉的产生

在下图中,上面楼梯的第一级台阶在哪里?

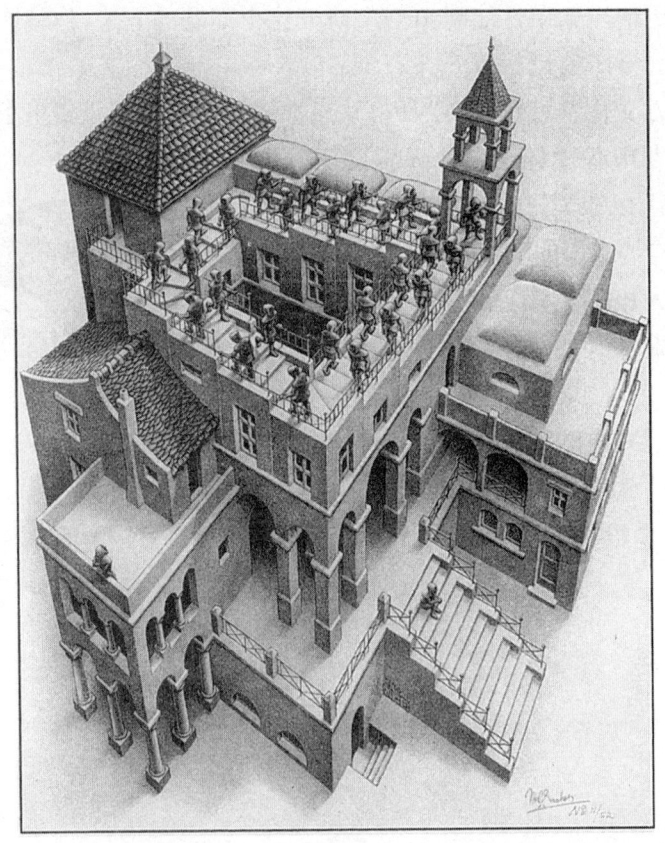

荷兰错觉图形大师埃舍尔的作品:《上升与下降》

这个图形被称为"魔鬼的餐叉"。
中间一根叉齿接在哪儿?

这个三角形的哪只角靠你最近?

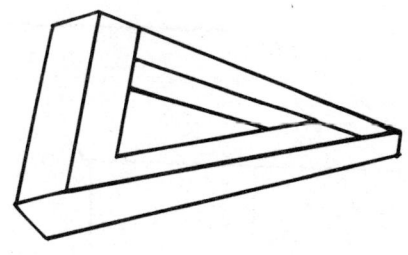

错觉的起因

同一信息源引出的两套信息无法共存,形成自相矛盾的结果。

当你将上面3幅图的各个部分分开来看时,它们都显得独立。但你试图搞清楚它们如何拼接在一起时,你就遇到困难了。艺术家可以在绘画中结合纵深的表现手法,创造出在实际的三维世界不可能存在的图形。错觉图形大师埃舍尔(1898~1972)的作品以其视觉矛盾而著称。我们在看这些图画时,会因为在头脑里无法构建出这个"真实"的物体而感到不安。

43

一枚硬币引发的思考

你感觉一枚硬币可以放进去,而实际上却不能。

错觉的产生

尝试用一枚5角的硬币放在画中的桌子上,硬币不能碰到其中的任何一根线。

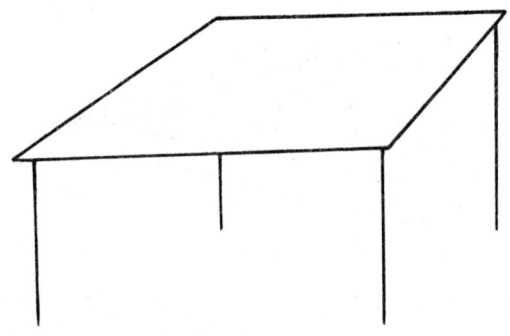

错觉的起因

桌面的角度给你一种纵深的错觉,使其看起来要比实际的大。

这个几何形状实际上要比一枚硬币小。如果去掉这张桌子的腿,你还会上当吗?还是两个图形的效果一样?

月亮错觉

看到月亮似乎随着夜色加深而逐渐缩小。

错觉的产生

观察一轮满月刚刚升起的样子,然后稍晚再观察夜色中的月亮。

错觉的起因

满月刚刚升起的时候要比高挂天空时看起来大很多。在水平位置肉眼观察到的月亮尺寸要比天顶位置大1.2~1.5倍。这是跨越时空的经典错觉。如果你用照相机拍下这两个位置的月亮,然后测量照片中月亮的直径,你会发现它们的直径一样长。事实上,处于水平线上月亮的照片将令你失望。它的出现并不像你用肉眼观察到的那样硕大而朦胧。

月亮在水平线上看起来较大,是因为此刻月亮在视线中更接近地平线上熟悉的距离参照物。而当月亮高挂半空时,你失去了这些参照物。当月亮在靠近地平线时,用你双手的大拇指和示指围成一个小的窗口,并举到你眼前。这个窗口阻挡了除月亮之外的所有其他物体,结果月亮立即"变小"了。

波根多夫错觉

一条隔开的直线的两部分似乎发生了错位。

错觉的产生

右图中的两条被隔开的斜线是彼此的延续吗？如果它们看起来不连续,你看到的就是波根多夫错觉。波根多夫发现：当一条斜线被两条平行线隔开时,被隔开的两半看起来就出现了错位,不会汇聚到一起。

错觉的起因

产生这种错觉的原因比较复杂,与我们估计角度的方式有关。如果这两条平行线与相交的直线成直角,我们能轻易看出被隔开直线的两部分的连续性。但随着夹角越来越小,我们也越来越不容易看出这种连续。

不过,你可以进行自我矫正。在看着这个图形的同时,想象你的双手正在分别握住被隔开斜线的两端朝外拉,就像用一根绳子拔河一样。随着力量的增加,这根绳子会在你眼前跨越中间的隔断,连成一条直线。

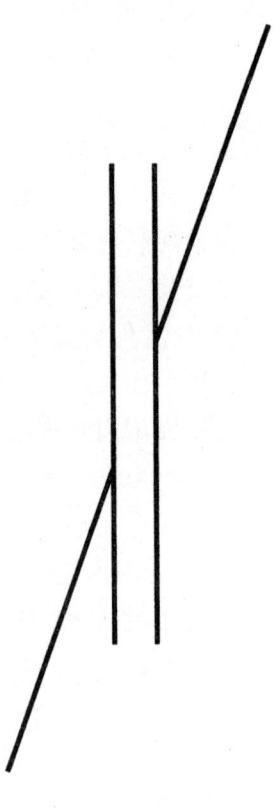

艾姆斯梯形窗错觉

明知在旋转的窗看起来却像在前后摆动。插入其中一个开口的铅笔似乎绕窗户弯曲。

错觉的产生

该错觉需要精心的准备和一定的尝试,不过其不可思议的错觉效果还是值得你付出这些努力的。

将此页的梯形窗图形描下来或者复印两份。沿四周的深黑线轮廓剪下,再把剪下的图形轮廓描在硬纸板上。将硬纸板沿描好的轮廓裁下,然后在裁下的硬纸板两面分别粘贴上剪好的梯形窗图形。剪去中间的阴影部分,为窗户开4个洞。用一根长的牙签沿图中标示的平衡点插入纸与纸板之间,多用一点浆糊以固定牙签的位置。然后把牙签的另一端插入盐瓶瓶盖上的细孔。

在一个转盘式餐桌上缓慢匀速地转动窗户,错觉就出现了。有人建议每分钟转两圈。我自

己做的时候,是用手转动餐桌中央的圆转盘。把盐瓶放在桌上时要使牙签位于餐桌的正中心。请一位朋友转动转盘或餐桌,你在距餐桌3米左右的地方在微弱的光线下用一只眼睛观察。后面的背景越简单越好,如一堵白墙。

你也可以做些变动,结果同样有趣:在黑暗中用手电筒照明来观察梯形窗。窗户的影子也似乎在前后摇晃而不是在旋转。用一只铅笔穿过其中一个洞并用胶带固定,或者在一面梯形的窄端涂上一个红点。效果如此奇特,以至于很难用语言表达。

错觉的起因

窗的形状引出的矛盾造成了这种错觉。窗的窄边使得它看起来似乎是一个指向你反方向的长方形。相交的两条线暗示着延伸向远方的平行线。你看到艺术家用它们来表示铁轨和消失点。当窄边朝你移动过来时,你的大脑会感知成它似乎还在远端。结果,即使窗是朝你移动,你还是会把它看做离你而去。

疯狂的颜色

你是否留意到在一个大白天步入漆黑的电影院时,你很难看得清楚?在最初的几分钟里,你几乎看不见任何东西。这就是科学家称为"暗适应"的第一阶段。暗适应有两个截然不同的阶段。第一阶段是快速变化阶段,大约在7分钟内结束。第一阶段结束时,你能看清脚下的路了,但视力还不是很敏锐。暗适应的第二阶段在12分钟之后开始,你会发觉你能越来越清晰地看见细微的物体。45分钟以后,你差不多达到你在微弱灯光下的最佳视力,尽管部分科学家声称在此后长达24小时内,人们的视力一直在缓慢恢复。

相反,在暗适应之后,你对亮光的适应就很快。从电影院出来,重新走上街道时,你的眼睛可能会感觉刺痛,你也会暂时性看不清,不过两分钟之内,你就完全适应了。

这种双向适应过程是由眼睛里的两种类型的感受器引起的。视网膜的中央含有被称为视锥细胞的感受器,它们对亮光和颜色很敏感。而夜晚的视觉主要由视杆细胞这种感受器来完成,它们环绕在中央区域的周围。视杆细胞与视锥细胞的敏感性部分重叠,这使得人们在低照度的情况下容易产生错觉。此外,亮区与暗区的反差也常常会引起混淆。亮的区域看起来显得比暗的区域大。浅色形状显得比深色形状大。法国人在设计他们的三色国旗时就发现了这个错觉。原先旗帜上的三色条带:蓝、白、红是等宽的。但是蓝色的条带看起来要比红色的条带宽,这种错觉从纸上的小旗帜图案转到与实物一样大小时愈加明显。于是,设计者对旗帜进行了重新设计,改为30:33:37的比例。如此一来,这3种颜色的条带看起来就一样宽了。

一种颜色会因为其邻近颜色的不同而显得不同。这对于艺术家而言早就不是什么秘密了!当紫色带介于红色带和蓝色带之间时,整个紫色带的颜色似乎并不一致,靠近红色带的一侧似乎带一点蓝色,而靠近蓝色带的一侧似乎带一点红色。但是如果将红色带和蓝色带遮起来,你会看到紫色带事实上颜色很一致。艺术家利用这种颜色对颜色的影响来创造大小和距离的错觉。

本章的错觉取材于发生在你可能称之为模糊区域的怪事。

边缘凸出

更亮即更大。

错觉的产生

右图中哪个圆看起来更大？白色的圆还是黑色的圆？

你相信黑、白两个圆一样大吗？根据你阅读这本书的经验，你肯定会说是！通常，亮的物体会显得比暗的物体大。举一个来自大自然的例子。一轮新月的娥眉弯是月球被照亮的边缘。月球被照亮的表面大部分都背向我们。但是，如果仔细看，你也能看到月球的其余部分，因为地球会将部分太阳光反射到月球上。不过，即便如此，新月的两道弯却显得膨胀，比月亮的暗部更大，于是便有了俗话所说的"新月抱旧月"。

错觉的起因

一种可能的解释是，当亮光落到视网膜上时，它不仅刺激了接触光线的细胞，还刺激了与这些细胞相邻的细胞。因为影像没有明确的边缘，结果就出现了扩散效应。

广告商用亮色来设计包装，因为这会使产品看起来显得很大。时尚设计师建议肥胖的人穿深色服装会显得更苗条。

赫尔曼栅格错觉

看到根本不存在的幽灵阴影。

错觉的产生

盯着右图中的一个黑色正方形看,你是否看到白条交叉口的黑点?

现在直接看白条交叉口,幽灵般的黑点不见了。不过,你眼睛的余光还是能明显感觉到它们。

错觉的起因

这个错觉的形成包括视觉的两个方面。第一是白色在靠近黑色时显得更白,于是黑色正方形之间的白条比交叉口显得更白,因为交叉口是白色与白色的汇聚点。结果就出现了幽灵般的黑色区域。

第二是视锥细胞比视杆细胞对亮光的反应更准确。视锥细胞位于视网膜的中心。当你直接盯着交叉口,你清楚地看到那里没有黑影。但负责视觉周边区域的视杆细胞还是会感知到这种错觉。这种现象被称为"抑制"。产生神经冲动的感受器会抑制周边的感受器产生神经冲动,于是出现了黑影。

顺便说一下,这个理论与解释边缘凸出错觉的理论有冲突。感受器怎么可能在此时刺激相邻的感受器,而在彼时又抑制它们呢?答案是感受器与其周围的神经同时有多种交互。部分交互能强化刺激,部分交互则抑制刺激。显然,要理解我们的视觉系统是相当复杂的。

康士维错觉

一个白色圆盘的中心要比边缘亮,不过只有在圆盘旋转时才这样。

错觉的产生

你需要一个平的直径约15厘米的白色纸盘、剪刀、胶带以及一台手摇搅拌器或电钻之类的旋转马达。如图1所示,在圆盘上剪出一个带V型槽和尖角的楔形。在圆盘中央剪一个小孔,直径比搅拌器的搅拌杆或电钻的钻头稍小。如图所示,在小孔上剪两道细缝,这有助于搅拌杆或钻头很好地嵌入孔里。

注意:如果使用不当,搅拌器或者电钻可能会造成伤害。做这个实验时,一定要有大人在一旁协助。

将搅拌器的搅拌杆或电钻的钻头嵌入纸盘中央的小孔,然后插入马达。用胶带黏贴细缝加以固定。最后以不同的速度旋转马达。尽管盘的中心与周边获得的照度完全一样,尖角形成的分割会使得中心区域显得更亮。如果你按照图2再做一个盘,这次把尖角与凹槽的位置互换,结果圆盘的边缘会显得更亮。

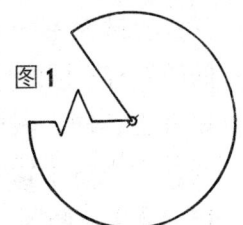
图1

错觉的起因

圆盘上的尖角造成偏差,使紧邻它的区域亮度增加。而凹槽引起的局部变化使紧邻它的区域显得更暗。如果你旋转一个没有尖角和凹槽的楔形圆盘,或者你用一张纸条借助胶带覆盖掉这些轮廓线,圆盘的中心与边缘将一样亮。

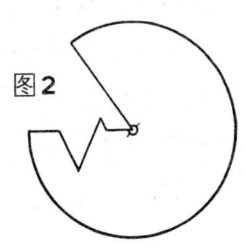
图2

班汉姆陀螺

在一个旋转的黑白相间的物体上看到彩色。

错觉的产生

将图1中的黑白图案复制到一个直径10厘米的白色圆盘上,用墨汁使黑色部分变得非常黑,然后将圆盘固定到铅笔头或者电动搅拌器等各种装置上旋转。

如果你沿着顺时针方向在强光下旋转圆盘,你会看到一组彩色环,从最外端的淡蓝色到中间的淡绿色再到中央的淡红色。如果逆时针旋转,颜色的顺序也倒过来了。尝试以不同的速度旋转。不同的人有不同的反应,看到彩色的速度也不同。因此,要有耐心,直到你产生这个错觉。如果你以极快的速度旋转圆盘,整个圆盘看起来就成了淡黄色。

再尝试旋转第二种图案(图2),它与第一种稍有不同。第三种图案(图3)产生的效果又不一样。

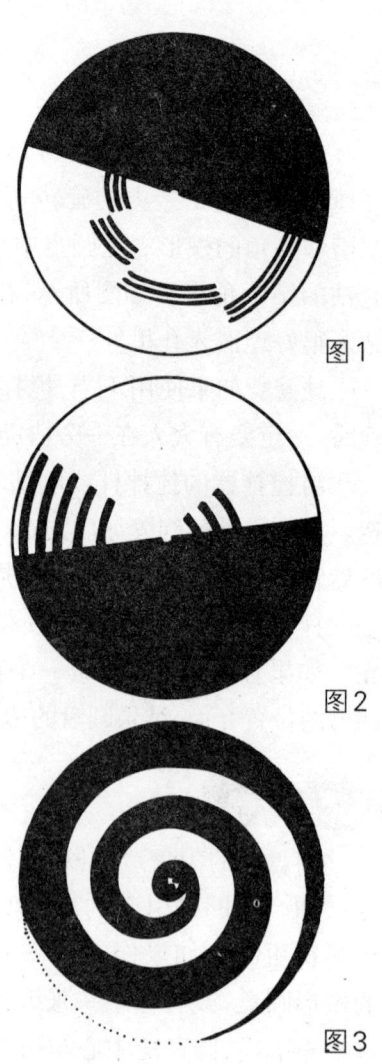

图1

图2

图3

错觉的起因

第一个错觉背后的理论还存有争议。部分科学家认为,圆盘使白光时断时续地闪现到视网膜,从而刺激我们"看见"彩色。闪烁的光线以某种方式刺激视网膜感受器产生神经冲动。

第三种图案引起的错觉被称为帕拉脱螺旋。当它旋转得相对慢时,你似乎看到一个不断向里延伸的隧道,或者隧道向你迎面冲来,不同的效果取决于旋转的方向。但在高速旋转时,你看到的不再是隧道错觉,而是整个圆盘呈玫瑰红色。

梅尔实验

在只有灰色的地方看到其他颜色。

错觉的产生

在深红色或绿色的背景上放一个灰色的正方形小纸板或小纸片。用两三张蜡纸或一张餐巾纸将正方形连同背景一起包起来。盯着灰色的正方形看。如果背景是红色,正方形看起来会是略带互补的蓝绿色。如果背景是绿色,正方形则会显得略带红色。

错觉的起因

如果灰色正方形有黑色边框或者置于蜡纸之上,颜色错觉将消失。在一个轮廓清晰的区域内的颜色由其边缘的对比色决定。蜡纸使正方形边缘的明确边界变得模糊,结果本身没有颜色的灰色区域获得了背景颜色的互补色,即绿色背景下显红,而红色背景下显绿。艺术家们深谙此道,他们知道着色区域会受到相邻颜色的影响。

朴金耶位移

光线减弱时看到的色彩格外明亮。

错觉的产生

你是否注意到,在太阳落山或夏日阵雨时,绿草和树木的颜色显得格外明亮?黄色的郁金香颜色似乎更深,而红色的玫瑰几乎都变黑了。其实,大自然并没有改变它们的颜色。变化的只是照射到这些物体上的光线——薄暮已降临。这种现象被称为朴金耶位移。

如果分别在日光下和昏暗的灯光下观察一张彩色的风景照片,你也可以看到朴金耶位移。在灯光下,照片中的绿色似乎呼之欲出,扑面而来。朴金耶(1787~1869)是一位波希米亚的心理学家。他在19世纪早期发现了这个现象。一天,他在暮色中看一幅东方地毯时,注意到颜色亮度的变化。

错觉的起因

我们的眼睛在亮光下主要靠颜色视觉,而在低照度下则主要靠暗视觉(对光反应感觉迟钝)。朴金耶位移一般发生在黄昏时。当眼睛的暗视系统开始工作时,而这时在眼睛的适光系统中的颜色感应圆锥细胞仍可以辨别颜色。适光系统对较长的波长(如红、黄)有着更强的敏感性,而暗视系统则对波长较短的颜色(如绿、蓝)更敏感。因此在黄昏时,眼睛看到的红色和黄色会比它们本身的颜色显得更深一些,而蓝色和绿色会显得异常明亮。

幽灵出没

人类如果不能知觉运动,早就已经灭亡了。只有具备知觉移动物体的能力,我们才能捕获猎物以及保护自己免遭敌人捕杀。我们看到的猎物和敌人的运动都是真实的运动。或许体育就是证明人类运动知觉的准确性的最佳例子。许多球类运动需要运动员在零点几秒的时间内对移动的球和对手做出反应。显然,这样的运动是真实的一部分。

不过,还有许多我们看起来以为在运动的东西其实根本没有动。这就是所谓的"视运动"。有时我们会把本来在移动的物体看成是静止不动的,有时我们搞不清一个物体的运动方向以及移动速度。与对比、距离以及颜色错觉相比较而言,或许我们更容易产生运动错觉。

有些真实存在的运动我们无法看见。我们看不到子弹般飞速移动的物体,也看不到时钟分针的缓慢移动。我们知道它在动,只是因为一段时间之后其位置发生了变化。

要知觉运动,必须至少满足3个条件之一,有时3个条件会同时发生。第一,如果一个影像在我们的视网膜上移动,我们就能知觉到运动。我们的外周视野特别敏感。常常我们"眼睛的余光"会注意到某个移动的物体,例如,窗外掉落的一件东西。第二,如果我们移动眼球以保持某个移动物体的影像始终处于视野的同一位置,我们也能知觉到运动。这就是"跟踪",它会自动完成。知觉运动的最后一个重要线索,就是看我们是否移动我们的头或者身体使一个物体保持在视线之内。在网球比赛中,坐在球网附近的人绝对不会怀疑球在移动。此外,我们也都知道,其他如大小、颜色亮度、物体的清晰程度等的变化也都是我们判断物体运动的线索。例如,我们通常会把一个缩小的影像理解为该物体正在远离我们。

本章的实验会让你大开眼界,包括非真实运动和你看不见的真实运动,以及各种其他形式的虚假运动。

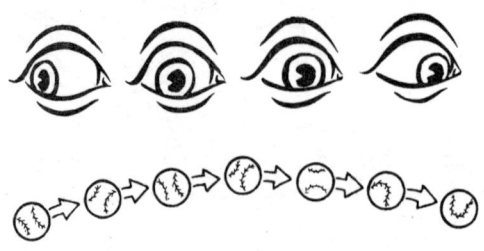

眼球移位产生的移动

物体随你的眼球一起移动所产生的错觉。

错觉的产生

闭上一只眼睛,然后看一个物体。现在轻柔地挤压你正在使用的那只眼睛的眼球一侧(当然是挤压眼皮,而不是直接接触眼球)。你所看的物体开始左右移动。

错觉的起因

有一阵子,你不相信物体真正在移动,因为你感到眼球被挤压得有些疼痛。不过很多时候,你眼球的运动也被当成了你知觉运动的信息的一部分,尽管你并没有下意识地注意到它在动。例如,你眼睛跟随一个在空中飞过的球时,你知觉到真实的运动,尽管当时球的影像始终保持在你视网膜上的同一位置。

眼睛知觉到的运动还能发生转移,结果你会觉得你整个身体也在跟着运动。你可能在看电影时会注意到这一点。如果屏幕上显示一条道路通过车前面的挡风玻璃看起来正不断地朝后移动,而此时你如果专注于路而忘记了你身处电影院这个视觉线索,你就会感觉你正在车里移动。有些人在大屏幕电影院无法看动作片,因为他们有晕动症。

视差

看到近处静止的物体在不断跳跃。

错觉的产生

看着你眼前约半米远的某个物体,两只眼睛交替睁开和闭上。如果你交替眨眼的速度足够快,你看到的物体似乎在你眼前来回舞动。

错觉的起因

这种视差的出现,是因为你两只眼睛看同一物体的位置稍有不同,由此形成的视线角度使物体相对于背景发生了轻微的位移。双眼睁开时,这种位置的变化被融入到一个影像中,你就看到立体视觉效果(下一章对此还有更详细的分析)。当你用两眼分别交替观察时,你就会感受到这种位置的变化。

在这个错觉里,你知道物体并没有真正移动,因为你清楚你的眼睛正在交替睁闭。视差是指因观察者位置变化引起的前景中物体相对其背景出现的视觉位移。天空中相对较近的星体相对于背景星空图案的微小位置变动,证明了地球在移动。这种位移当然是因为地球上的观察者随着地球围绕太阳转动,其观察的位置发生了变化。第八章还会讨论到视差。

部分之和

你以为看到的是全幅图,其实那只是一个片断。

错觉的产生

在一块大纸板上剪出一条长5厘米,宽1.5毫米的狭缝,然后用狭缝对着本书的任何一幅图,快速地左右移动。你感到你看到的是整幅图,其实你看到的只是连续的1.5毫米的片断。

错觉的起因

心理学家认为该错觉可以帮助我们揭示大脑处理信息的方式。视网膜上的影像只是一个个的片断,但我们的大脑却将这些片断组合在一起,从而知觉到完整的影像。

月亮为什么老跟着我

看到月亮随你一起移动。

错觉的产生

透过车窗看外面的月亮。月亮走得那么快,似乎在追赶你。

错觉的起因

当然,月亮并没有随你一起移动。你看到的只是幻觉。车两旁的物体飞速掠过,它们的位置在你的视线里快速变化。月亮如此遥远,以至于它的位置相对你的眼睛几乎没变。正因为如此,你感觉它在跟着你动。

因为地球的自转,月球在天空的真实运动十分缓慢,你看不到它的移动。你观察到的只是一段时间之后它的位置发生了变化。

虚假的运动

感觉你在动,其实你并没有动。

错觉的产生

坐在火车上或者飞机上从窗户看出去,你看到旁边轨道上别的火车的移动或者机场上服务车的移动,感觉似乎你的火车或飞机正在启动。想不到吧?你其实根本没有动!只要看看站台或者远处机场的建筑你就知道了。

错觉的起因

一个大的移动的物体占据了你的整个视野,于是出现了这种错觉。火车或飞机的窗户把你的视野局限在窗外的移动物体上。你的眼睛跟踪这个移动的物体,似乎你自己也在移动,结果产生这种整个身体移动的错觉。

邓克尔效应与此错觉相似。你通过一个移动的框架或环境观察一个包围在其中的物体时,就可能出现这种错觉。一个例子就是透过云层看月亮,此时月亮被云层包围。月亮似乎正在穿过云层,但实际上移动的是云层而不是月亮。以移动的云层为参照,高楼的顶端似乎也在移动。

瀑布错觉

瀑布飞流而下时,瀑布旁边的河岸似乎在抬升。

错觉的产生

盯着瀑布看两分钟,然后将视线转到一旁的河岸,河岸似乎在升高。如果你观察飘洒的雪花,跟踪一片一片雪花下落的轨迹,然后将目光转向地面,地上的积雪似乎也在升起。第五章"班汉姆陀螺"的螺旋旋转时似乎在缩小,但它停止转动的一瞬间又似乎在向相反的方向扩大。

错觉的起因

这是一种余像效应。感受一种方向运动的感受器出现了疲劳,当你停止观看时,感受相反方向运动的感受器受到的抑制解除,开始产生神经放电,于是你就知觉到相反方向的运动。

德国著名物理学家赫尔姆霍茨（1821~1894）是科学观察这种错觉的第一人。他于1860年从移动的火车车窗向外看了一会儿之后,注意到一种非常特别的现象。当他把视线从窗外移到车里时,车看起来也在移动,不过是朝窗外景色相反的方向。

会跳舞的星星

一个静止的光点在你的注视下不会一动不动。

错觉的产生

在繁星满天的夜晚躺在草地上,尝试目不转睛地盯着一颗星星。这颗星星会在你的眼前跳舞,以无法预知的方式四处滑翔和游动。

借助一套简单的实验室设备,你可以更明显地看到这种效果。在一个鞋盒上钻一个小孔,盒里放入一把打开的手电筒,然后用胶带将盒盖与盒身封牢,以免透光。在一个漆黑的房间观察这个细小的光源。千万记住:房间一定要完全黑暗,并且你在观察之前已经适应了这种黑暗。这个光点将出现戏剧性的移动。

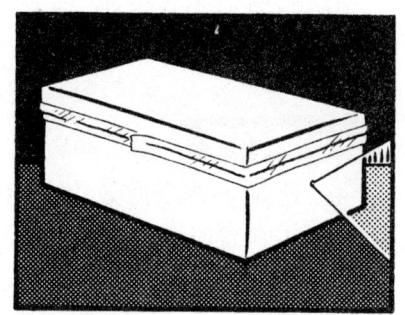

错觉的起因

这个现象被称为"游动效应",即"自动效应"。一种理论认为,这是由于你的眼睛在不停运动,从未停止,只是平时你没有注意到这种运动而已。

在人类早期的航空史上,飞行员在保持空中编队时会死死盯住另外一架飞机的机翼灯。如果在晚上盯着机翼灯看,飞行员就可能经历游动效应。他会看到机翼灯的灯光快速移动,似乎这架飞机的飞行路线发生了很大的变化。他也跟随这个虚假的路线快速改变方向,结果就可能发生撞机或者因翻滚而引起机毁人亡。

现在的飞机都采用明亮的闪烁信号灯,飞行员经过训练保持眼睛移动,在晚上飞行时不会目不转睛地盯着机翼灯,从而降低游动效应的危险。

伸直的圆形轨迹

沿轮子边缘移动的一个光点似乎在沿山坡上上下下。

错觉的产生

要制造出这种错觉,你需要使用发光胶带,就是那种在黑暗中会发亮的胶带,摄影器材店(摄影家用它们标记暗室里的灯光开关)以及部分五金店有售。此外,你还需要一个轮子。你可以使用自行车轮或者玩具上的小轮子。

在轮子的边缘位置贴上一小块发光胶带。在一间完全黑暗的屋子里,等你适应了黑暗以后,在地板上滚动轮子,观察发光胶带。尽管胶带在做圆形运动,它看起来却像在以Z字形路径上上下下。

错觉的起因

使你看到胶带所做圆形轨迹的视觉线索不够。如果你想消除这种错觉,只要在轮子的中央再贴一小块正方形的发光胶带就可以了。此时你看到了两个参考点,而不是一个,结果轮子边缘的发光点看起来就像在绕着轮子转圈了。

环绕轨道的圆圈

看到一个圆绕着另一个与之部分重叠的圆环行。

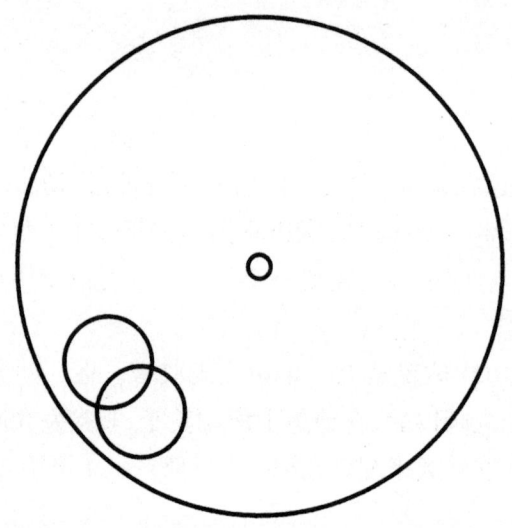

错觉的产生

从一个直径25厘米的白色纸盘中央剪下一个直径约12.5厘米的圆盘。如图所示,用黑色水笔画两个彼此部分重叠的圆,每个直径约2.5厘米。然后把圆盘置于餐桌的转盘上,或者在中心位置凿个孔,套在铅笔尖上旋转。旋转时,你盯住其中一个圆,另外一个圆似乎在绕它环行。

错觉的起因

如果用正方形来代替圆形,你就不会看到这种错觉。造成这种错觉的部分原因是圆形没有方向(正方形有4个角),因此你失去了判断它旋转的视觉线索。当你盯着其中一个圆形时,它似乎固定在那里没动,而另外一个圆看起来在绕着它滑行,虽然事实上它的位置在不断变化。

似动现象

什么都没动,然而运动的假象却不容置疑。

错觉的产生

如果你注视过霓虹灯,你就看到过这个假象。例如,一个箭头形状的指示灯似乎在朝观察者应该去的方向移动,这样顾客在寻找"停车"或者"加油"的地点时就不会找不到方向了。这种错觉的秘密在于控制灯管的闪烁时间。

错觉的起因

如果两个光源相距较近,一盏灯在另一盏灯闪烁完之后零点几秒开始闪烁,你会把它们看成是一个移动的光源,而不是两个独立的光源先后闪烁。这就是似动现象。运动假象取决于两个刺激源之间的间隔时间长短:如果间隔时间过长,你看见的是分开的光源;缩短时间,你知觉到跨越空间的运动;如果时间太短,两盏灯似乎在同时闪烁。

似动现象也见于其他感官。如果在你的皮肤上先后快速地轻触两个相邻的点,你会感觉似乎有东西在你的皮肤上移动。如果右耳耳畔发出"咔嗒"一声,零点几秒之后,左耳耳畔再发出"咔嗒"一声,你会感觉到这个声音似乎穿过了你的大脑,也就是说从右耳进,左耳出。

动画与电影

静止的图片会运动。

错觉的产生

握住这本书离右上角约2.5厘米的地方,同时急速翻动所有书页的右上角,你会看到书在对你眨眼。这个错觉的产生基础也是时间控制。要感受运动,你必须快速地看到连续的图案。如果以阅读的速度翻书页,那肯定不会有这种错觉。

错觉的起因

眼睛中的每个影像就像一次闪光。心理学家仔细研究了动画和电影形成的基本原理,试图找出闪光要融合成稳定的光线前必须闪烁与熄灭的速度。形成稳定光线所需的每秒闪光次数被称为临界融合频率。临界融合频率的变化取决于多种因素,包括光的亮度以及明暗的相对时间。如果光闪烁的时间与熄灭的时间相等,暗光在每秒15次闪光的频率时出现融合,而亮光则需每秒60次。荧光灯在我们的眼中似乎是稳定光线,其实它在以每秒60次的速度闪烁。如果它闪烁的速度太慢,你就会感觉到灯的明灭不定。

电影每秒钟闪现24帧图片。我们看不到影像的抖动,是因为图片之间的黑暗时间很短。也就是说,亮的时间要比暗的时间长很多。如果电影中每一帧图片之后的黑暗时间与图片的闪现时间相等,电影中的影像就会抖动。而且,如果光线太亮或者胶片移动得太慢,电影也会抖动。早期的电影确实会闪烁,因此电影在英语中也曾被称为"flicks"(意为:快速移动)。

动画与电影的原理一致,只不过它用一系列的绘画取代了一帧帧的

照片。手翻书也是简单的动画,用手快速翻动书页,书中的漫画就会动起来。一种早期更复杂的动画生成装置就是旋转画筒这种玩具。它是一个圆筒,周围有间隔均等的条形口。每个条形口的下方都有一幅稍微不同的图画。当圆筒快速旋转起来时,通过条形口就可以看到里面的人物在移动。

频闪效应

你可以透过一个致密的图案阅读,不过只有当图案动起来才行。

错觉的产生

这是一个传统的客厅娱乐小游戏。在一张临摹纸上以如下的方式画栅格:首先,用黑笔或者铅笔画出一系列平行线,彼此间隔约3毫米,这些线条覆盖的面积至少要达到30平方厘米。然后,与第一批平行线成直角画第二批平行线。接着再画对角斜线,最后画与刚才对角线相反方向的对角线。这样就不容易看穿了,是吗?

将此栅格临摹纸拿到一本书上,试图透过它阅读。你能看到书上的字吗?现在左右快速晃动临摹纸。突然,书上的字体开始显现,你又可以轻松阅读了。

错觉的起因

原先静止不动的物体你看不穿,而运动却使你能够看穿。电风扇的叶片静止时你看不穿,但当它们转起来时,你却可以"透过"这些叶片看到后面的东西。同理,当你坐在车里经过一片板条做的篱笆时,你可以透过篱笆看到院子里的物体。这就是所谓的"频闪效应",足够快的间断影像可以被融合。这与上一个实验讨论的临界融合频率类似。

让运动停止

不碰电风扇使转动的风扇叶片看起来静止不动。

错觉的产生

你首先必须制作一个频闪观测器,它会造成影像中断的错觉。下面是制作的方法。

从一个纸盘中央剪下一个直径为12.5厘米的圆盘。照此法再做一个与第一个相似的圆盘。将第二个圆盘对折再对折,找到其中心点。然后将对折过的圆盘与第一个圆盘重叠在一起,用铅笔标出第一个圆盘的中心位置。沿中心向边缘轻轻画一条铅笔线,标出半径。沿着这根半径线离边缘1厘米左右剪一条长约2.5厘米,宽约0.3厘米的切口。

用一条圆形胶带将圆盘的中央固定在搅拌器的

搅拌棒末端。慢慢增加搅拌器速度的同时透过圆盘切口观察旋转的电风扇（如果搅拌器速度不能随意调节，开始观察时使用最高速度）。如果时间控制得恰到好处，电风扇会显得慢下来甚至完全停止不动。

错觉的起因

切口的旋转速度与风扇一致时，透过切口只能看到一片扇叶的影像，风扇其余所有的运动都被圆盘遮挡了。因为旋转的频闪观测器移动速度非常快，变得透明，你于是看到后面的叶片似乎静止不动了。如果频闪观测器的速度与电风扇的速度不一致，风扇看起来似乎转得越来越慢。频闪观测器被用来测定快速移动物体的时间，如汽车的引擎。

如果你透过频闪观测器看荧光灯，你看到灯在一闪一闪。荧光灯的闪烁频率是每秒60次。频闪观测器刚好打断了闪烁的频率，使你能够看到它的闪烁。

在电视屏幕上也能看到频闪。一束光线沿水平方向扫描屏幕，以极高的速度闪烁一系列的暗点和亮点，于是形成了图案。如果透过频闪观测器看电视，你能看到屏幕上有一条条的水平线在上下移动。

车轮转动的辐条以及电影的画面也能形成频闪效应。因为车轮的所有辐条看起来都一样，你无法跟踪它们旋转的方向。这些因素结合在一起就产生了奇妙的效果：电影中马车在前进，而马车的车轮辐条却似乎在朝后转动。你有时在电视中的汽车广告上也能看到同样的效果。汽车朝前开，而车轮的内侧朝相反方向转动。

把自己变成一个频闪观测器

你轻声哼唱时,你能看见电视屏幕上的水平条。

错觉的产生

首先,我要说明我并没有感受到这种错觉。不过,这种方法在两本科学期刊上曾有报道,因此其中肯定有一定的道理。或许你的尝试会成功。如此怪异的方法绝对值得一试。

写论文论述这个效应的美国科学家站在离他的电视机约6米远的地方,当他轻声哼唱A降调低音的一个音调时,他看到了屏幕上的水平条。水平条随着他哼唱的音的高低而上下移动。

还有一位英国的科学家观察一个放在旋转餐桌上的有黑白扇形相间的圆盘。他能通过改变哼唱音调的高低使圆盘黑白扇形区域停止或者前后移动。

错觉的起因

从视觉上说,哼唱使你的视网膜产生振动,于是出现类似于频闪观测器的效果,只不过这次是你自己的眼球在振动。我没有看到这个效果可能是因为我的声音不够低沉。

无孔钢丝

一根木头火柴杆,在你的眼皮底下,穿过了一颗安全别针的钢丝。

错觉的产生

这也是一个传统的客厅娱乐游戏,看起来似乎是木头穿过了钢丝。要做这个游戏得先准备一下。

先把一根木头火柴的头剪掉,然后将一颗大号的安全别针的针尖插入火柴的正中心并扣上别针,最后再把火柴移动到别针的中央。

用左手竖着握住别针的头(如果你是左利手,那就用右手握)。旋转火柴杆,使火柴杆的前端位于别针上面钢丝的下方,火柴杆可以沿下面钢丝转动。用右手的食指向下弹击火柴杆的后端,此时火柴的前端似乎穿过钢丝朝你转过来了。

错觉的起因

真实的情况是这样的:通过朝下击打,火柴的顶端从别针的上方将钢丝反弹回去,底端就朝上运动到前面。之所以看起来是火柴穿过了钢丝,是因为两个位置之间变化的时间间隔非常短,你来不及看到单独的变化。此外,你对用力朝下击打火柴这个动作的经验也会误导你预期火柴的顶端朝你移动。

变 钱

将两枚硬币并在一起搓,你会看到3枚硬币!

错觉的产生

这不是快速致富的骗局。与绝大多数这样的妄想一样,它只不过是一种错觉。

取两枚一模一样的硬币,用双手的食指将它们夹在一起,然后快速上下搓动。第三枚硬币的影像就会从两枚真实的硬币之间显露出来。

错觉的起因

幽灵硬币是由于真实硬币的轻微视觉残留还没有完全消失形成的。一种视觉刺激结束后,视网膜上的感受器还在继续向大脑发送信息。通过不停地移动硬币,视觉残留或余像就保留下来了。

这里有一个等待解决的秘密:没有人知道为什么第三枚硬币的影像总是出现在真实硬币的下方,而不是上方。

会弯曲的铅笔

一支木制铅笔似乎一下子软得像橡胶。

错觉的产生

只有动作到位才能出现这种错觉。方法是这样的：用你的大拇指和食指松松地握住铅笔的尾部，快速地上下摇晃铅笔，使它在你的指尖颤动。铅笔似乎变得柔软易曲。你也可以用黄油刀制造出相同的效果，权当餐后娱乐。

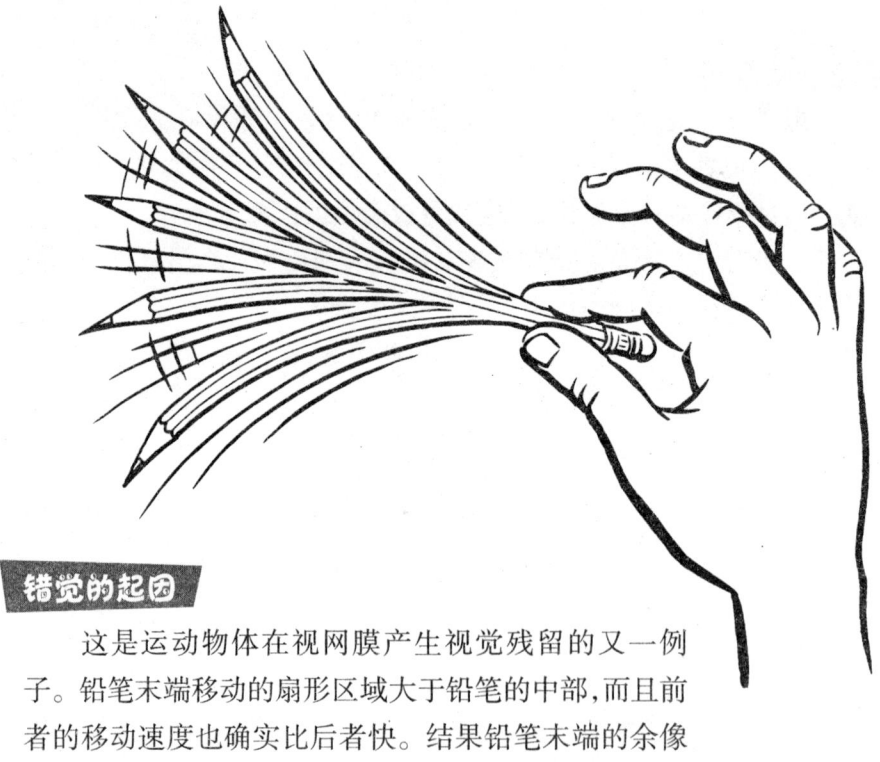

错觉的起因

这是运动物体在视网膜产生视觉残留的又一例子。铅笔末端移动的扇形区域大于铅笔的中部，而且前者的移动速度也确实比后者快。结果铅笔末端的余像结合铅笔中部的真实影像就产生了铅笔弯曲的假象。

海市蜃楼及其他视觉怪象

你可以看到各种非真实的情景。海市蜃楼就是经典的例证：远处有水的幻觉诱惑着口干舌燥的沙漠旅行者不断向前，去追寻永远也无法到达的景物。这不能完全怪人类的知觉。海市蜃楼真实得可以用照相机拍摄下来。光线通过上升的热气层时发生弯曲，在地面附近生成天空的影像，而这个影像很容易被当成是水。饥渴或许促进了这种错觉，但绝不是主要的原因。即便你没有感到饥渴，也能看到海市蜃楼。我将在本章向你介绍如何办到。

有些景象一直在你的眼前，而你却从未注意到。它们融入到你眼球的构造中，甚至可以成为"洞察"你眼球工作方式的媒体。还有一些景象，你闭上眼睛也能"看到"。有些景象意味着看到自己眼球的深处。你也会学会如何看到这些景象。

眼球位于头的前面，这个特性也导致了某些独特的视觉感受。在合适的条件下，你能看到实体中的孔，你可以将两张平面图画结合成一幅三维立体图画，你还能看到"魔眼"彩色图案内部的三维图。

最后还有"疲劳眼"的奇怪现象，即长时间盯着物体看以后形成的形状和颜色的视觉残留，你的视网膜就像照相机的胶片。即便你的视线离开这个物体，其影像还会保留几秒钟才会消失。

眼睛与大自然共同演绎出非同寻常的视觉奇观。让我们准备好出发去观光吧。

虚幻的池塘

高速公路上的海市蜃楼。

错觉的产生

要看到水的海市蜃楼,你不必亲临撒哈拉大沙漠。你只需选择一条炙热的柏油路以及一个艳阳高照的夏日。最好的观察时间是行车途中,透过前挡风玻璃看车子前方的路面。如果看的角度或者路面的倾斜度正合适,路基会显得湿漉漉的,甚至能如镜子一样反射经过上面的汽车影像。

错觉的起因

临近公路表面的气温要比半空的气温高很多。从上面来的光线遇到这种温度更高的空气时会发生折射,就像光从空气进入水中时一样。结果此光线没有笔直朝向公路,而是经折射之后进入你的眼睛。你看到的本应是路面,现在却变成天空的影像。地面似乎被一滩水覆盖。看起来像经过上面的汽车的反射影子其实也不是反射,而是空气温度差异导致的光线折射。

在炎热夏日你还可以寻找到另外一种幻境。找一堵表面光滑的长墙,平整的砖墙也可以。将头靠在墙上沿墙面看过去。请一位朋友靠墙站立,距离你大约9米远,将手里拿着的一把钥匙之类亮闪闪的东西慢慢地接近墙面。仔细观察,钥匙的影像会出现波动,墙面自身会像一面镜子一样反射钥匙的波动影像。产生这种现象的原因是紧邻墙面的空气温度要比远离墙面的空气温度高,于是墙面就"变成"一片闪亮的水面,生成镜像。

囚犯的影院

闭上双眼也能看见光线。

错觉的产生

用指尖轻轻挤压闭合的眼睑,你会看到指头下方一个闪光的圆形或半圆形光圈。科学家把这个光圈称为"光幻视"或"压眼闪光"。如果你增加指尖的压力,会看到更多闪着微光的几何图案。制造光幻视的一个好办法就是在淋浴的时候让水冲击眼睑。

错觉的起因

压力并不是产生光幻视的唯一途径。在18世纪，参加派对的人们以一种特别的方式娱乐自己：他们手拉手，闭上眼睛，一齐承受一次来自刚刚发明的发电机产生的电击。麦角酸二乙酰胺（LSD）等药品能产生幻觉，乙醇（酒精）可以导致曾有药瘾和嗜酒史的患者产生光幻视。在脑手术中刺激视觉中心也能引起光幻视。通常，患者在脑手术过程中保持清醒。大脑本身没有痛觉感受器，因此只需要局部麻醉来控制头皮以及颅骨的痛觉。

不过，最有趣的例子之一，是在一段时间内处于黑暗状态下的人们自发产生的光幻视。那些生活在地牢的人说他们看到过光幻视，因此人们戏称它为"囚犯的影院"。光幻视对长时间在暴风雪中开车的司机会构成危险。在白天，飞行员穿过高海拔的云层，也容易被光幻视困扰。

如今，光幻视已经成为科学研究的热点。光幻视通常是由对光刺激敏感的视觉神经产生神经放电而引起的。在没有光的情况下，这些感受器也会产生神经放电，这或许为揭示视网膜神经细胞的规律提供了线索。

眼前的斑点

看到一直在你眼前而你从未留意的斑点。

错觉的产生

你通常觉察不到这些一直存在于你眼前的斑点,因为你可能从未在合适的条件下把眼神聚焦到它们上面。在一块纸板上戳一个针孔,透过孔看明亮的光源,你会看到各种透明的圆圈在你眼前漂浮。

错觉的起因

你所观察到的斑点也称"漂浮物",是漂浮在你眼球液体中的陈旧血液细胞。它们脱离周围的组织,并在吸收部分眼球液体后膨胀成球体。眼球中的液体是透明的,因此膨胀的血液细胞也是透明的。但是透过针孔,你可以看到光线穿过这些细胞的细胞膜而形成的漂浮物的轮廓。

鬼魅树影

在黑暗的房间里,看见墙上有树的幻影。

错觉的产生

你需要一把手电筒和一个黑暗的房间。闭上一只眼睛,并用手捂住。用手电筒照射你另外一只眼睛外侧的眼白,同时盯着一面空墙。你也可以试着让手电筒忽明忽暗。过一会儿,你将会看到墙上的黑暗区域出现了一棵光秃秃的"树影"。

错觉的起因

这棵树其实是你眼睛后面的血管的影像,它是血管在你视网膜上的线条反射出来的影子。你在早上刚睁开眼看明亮的阳光时也能看到它。在你完全适应亮光之前,你或许可以瞥见这种血管分支的朦胧轮廓。

第十一根手指与独眼朋友

看到两端都有指甲的第十一根手指浮在半空。

错觉的产生

将双手的食指于眼前约30厘米处指尖相抵,视线集中于前面墙上刚好高出指尖的一个点,随着手指逐渐移向眼睛,你将看到一根奇异的双指甲手指出现在你的两个食指之间。把指尖分开,这第十一根手指似乎就漂浮在半空。

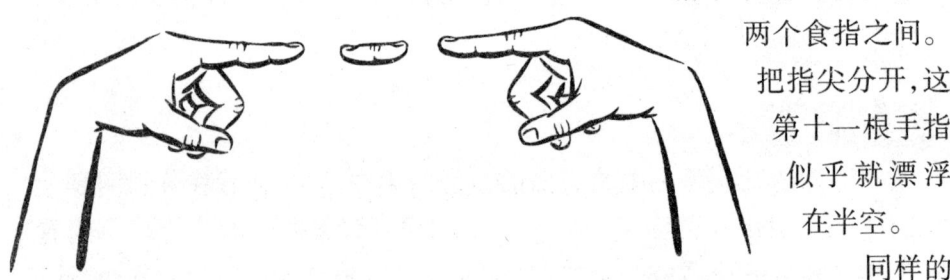

同样的视线聚焦会使一个朋友看起来像独眼龙。目光直视前方,聚焦于一个遥远的点,同时把你的前额和鼻子与你朋友的前额和鼻子相抵,你朋友的双眼似乎同时移动到了他的前额中央,成了独眼。

错觉的起因

你如果试图直接看这些错觉,它们就会消失。两只眼睛对于你所看物体的视野略有不同。举起你的食指,在你眼前约30厘米远的地方指向天花板。此时将你的目光聚焦于一米开外的某个点,你会看到你手指的重像。通常,当你的眼睛聚焦于某个物体时,这两个影像会融合在一起形成一个三维的立体视觉。但在上述的实验中,通过有意地将目光聚焦于你的手指以及你朋友的眼睛的前方,两个影像无法正确融合,于是就形成了这些奇怪的景象。

三维立体画

在平面纸张上看到立体影像。

错觉的产生

在平面纸张上要看到三维立体影像得花一番功夫练习,不过还是值得的。诀窍是将目光聚焦于纸张之外的远处,正如你在上个把戏里看手指一样。手握一张带三维立体图案的纸,放松眼睛,使纸上的两个点变成3个点。然后慢慢抬高图案,使其位于你眼睛的正前方。如果你看到了3个点,那你就会看到一个立体的图案。还有一个办法就是将三维立体图案靠近你的鼻子,眼光不要聚焦,放松,同时慢慢地将纸朝前移开。图案开始会显得有些模糊,不过随着你继续慢慢移动,隐藏的立体图案就会进入视线。一旦看到,你会惊奇地发现你的眼睛非常放松,并且要观察起来也很容易。

错觉的起因

三维立体画软件通过强大的电脑程序把由细点组成的两种图案结合在一起,从而创造出有立体感的图画。每只眼睛都有看不到的信息,每只眼睛都获得自己的视野。大脑将两眼获得的信息综合起来,于是你就看到了纸上的立体影像。

掌心上的"洞"

看你的掌心、书、朋友的额头以及任何固体,都有一个洞。

错觉的产生

把一张纸卷成筒。把纸筒罩在一只眼睛上,然后双眼同时聚焦于至少4.5米远的一点。现在把手掌或者其他任何物体举到没有透过纸筒观看的眼睛前面,但双眼的焦点不变,继续盯着远处看。前后移动手掌,直到你找到确切的一个点,这个点似乎是你手掌上的一个孔,透过这个孔你能看到远处的物体。

错觉的起因

正如前面3种错觉一样,这个错觉产生的原理也是你双眼因为天生是分开的,所以看到的影像会稍有不同。当你的眼睛聚焦远处的某个物体时,近处的物体就在眼睛的焦点以外,一只眼睛所见的影像与另外一只眼睛所见的影像无法正确重叠,于是你产生手掌有洞的错觉。

你可以训练自己将注意力集中到一只眼睛观看物体,同时忽视另一只眼睛所见的影像。科学家可以在双眼都睁开的情况下透过显微镜的单镜头进行观察。如果长时间在显微镜下研究标本时都必须闭上另一只眼睛,眼睛会很酸痛。开始时你可能会受到另一只睁开眼睛所见影像的干扰,但是过了一段时间,你甚至不会注意到这些影像的存在。

这就是极限

你能看得出这两个图案中哪个是由一根连续的线组成的,而哪个是由两个不连续的部分组成的吗?

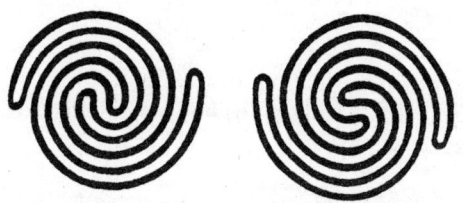

错觉的产生

这两个图案并不是一模一样的。直接看,你能看出两者的区别吗?我认为不能。你必须循着图案线条的踪迹,才能辨别出哪个是连续的哪个是不连续的。

错觉的起因

这两个图形是由美国麻省理工大学的两位科学家设计出来的,并以他们的名字命名为明斯克—派珀特图形。这些图形显示了纯知觉的极限,因为你不可能不费吹灰之力而自然而然地看出其中的区别。

纯知觉的极限令科学家着迷,这与他们对人类生存的言论有关。科学家认为,我们人类无法知觉特定的图形,这意味着,这样的辨别力对早期人类的生存不是特别重要的。

例如,早期人类的生存取决于他们在自然背景中看见猎食动物的能力。如果猎食动物的天然伪装超越了人类知觉的极限,早期人类可能就会遇到大麻烦了。看不见的敌人如何去抵御?以明斯克—派珀特图形以及其他类似图形为基础的实验,确立了人类的这些极限,供人类学家以及其他科学家应用。如果早期的人类无法看到某个特定的猎食者,那可能是它对他们构不成威胁。

视觉后像

仅凭眼睛看就能把鸟儿关进笼子。

错觉的产生

在亮光下盯着图中的鸟儿看30秒,然后再凝视鸟笼。一只黑鸟的视觉后像就出现在笼子里了。

你也可以看到彩色的视觉后像。眼睛注视一个绿心黄边图案中心的红点,然后凝视一个白色的背景,你将看到一个红心蓝边的视觉后像。

错觉的起因

通常，视觉后像是由眼睛感受器在刺激停止后继续产生神经放电引起的。视觉后像分为两种：正后像和负后像。上述的两个例子都是负后像。它们形成于眼睛适应刺激的过程中。后像中出现不同的颜色是因为部分感受器分享红绿刺激，而部分感受器分享蓝黄刺激。当你看绿色时，红绿感受器的红色部分处于关闭状态。如果眼睛长时间接受绿色刺激，感受器的绿色部分会持续产生神经放电。一旦绿色刺激消失，红绿感受器的绿色部分开始恢复，而红色部分却接着产生神经放电，从而形成视觉后像。同样的过程也发生于蓝黄感受器。

已经适应弱光的眼睛短暂暴露于强光时会形成正后像。当你看到闪光灯一闪或者短暂凝视太阳时，你就会感受到正后像。正后像会很快变成负后像。

由直线形成的圆

这些直线会在你的眼中变成圆。

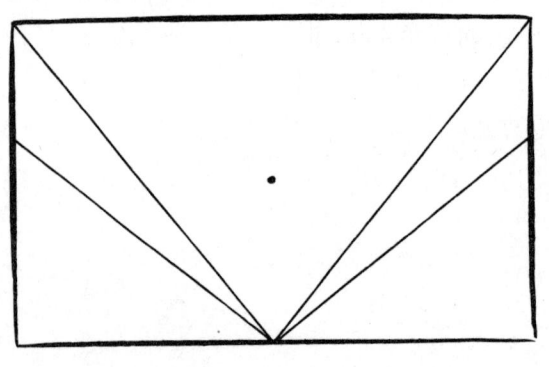

错觉的产生

将图中的4根黑线复制到一个7.5厘米×12.5厘米大小的未画线的卡片上,然后将卡片中心置于笔尖上旋转。这些线条会变成围绕彼此旋转的同心圆。

旋转下图所示的圆盘,你也会看到有趣的效果。复印此图案,然后将其剪下或者临摹到一张白色的圆盘上。在旋转餐桌上缓慢转动圆盘,留意这些线条如何变成几块模糊的区域。你也可以用电子搅拌器来高速旋转圆盘。在高速旋转下,所有这些直线都变成了同心圆。

错觉的起因

运动加上视觉后像形成了这些错觉。我们的眼睛似乎倾向于将一根线条中的所有黑色聚焦于线条的中央。因为每根线与圆盘中心的距离都不同,集中的黑色就形成了同心圆。

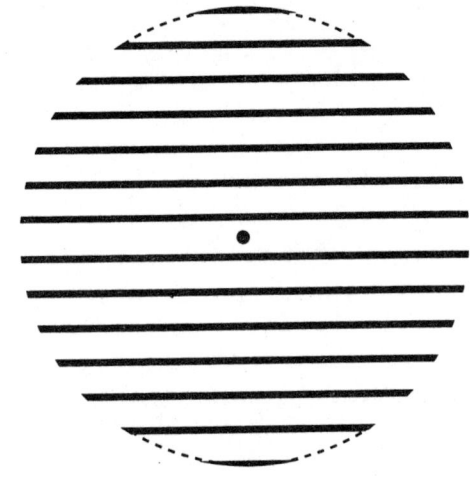

佩珀尔幻象

蜡烛看起来像在一杯水中燃烧。

错觉的产生

佩珀尔幻象是一个经典的舞台戏法。你需要一块平滑的玻璃或者树脂玻璃、一杯水、一支烛台上燃烧的蜡烛以及一摞书构成的障碍。

在昏暗的灯光下,在书堆的一侧斜放一块玻璃或树脂玻璃,玻璃后面放一杯水。现在点燃蜡烛并把它放到书堆形成的障碍后面,使其无法从前面被看见。如果恰当调整蜡烛与玻璃的位置,蜡烛看起来就像在一杯水中燃烧。

错觉的起因

这一错觉以及本章后面将提到的错觉与知觉毫不相干,它们是光线与物体表面以及透明物质相互作用的结果。这里的玻璃起到两个作用:一是透光,因此你能看到其背后的水杯;二是表面反射蜡烛的影像。只要玻璃镜面与蜡烛对得合适,蜡烛的反射就会在水杯里出现。

在舞台上表演这个戏法时,台下的演员将物体的反射光投射到一个看不见的玻璃表面,台上的演员就能看起来像幽灵一般穿越房门或家具。

弯曲的影像

看到直的铅笔扭曲,硬币浮在水面,完好的铅笔出现断裂的影子。

错觉的产生

下面是制造这些错觉的方法:

1. 握住一支一半没入水中的铅笔。如果从侧面看,铅笔在入水的地方发生了扭曲。
2. 在一只杯子或碗的内底用透明胶带粘牢一枚硬币。相对于杯子或碗慢慢地后移你的头部,直到硬币刚好离开视线。保持头部位置不动,慢慢朝杯子或碗里倒水。随着水面的上升,硬币又重现了。
3. 在一个灯光明亮的房间里,握住一支铅笔,使铅笔部分没入一盆水中。看铅笔投射到盆底的影子,它已经断成两截了。

错觉的起因

这些错觉的共同原因是折射,即光线从一种透明物质(如空气)进入另一种透明物质(如水)时发生弯曲。正因为如此,光源物体看起来所处的位置并非其本来的位置。如果你朝下看游泳池中的人,他的脚显得离你更近,腿显得更短。

在硬币错觉中,你看不到硬币,是因为来自硬币的部分光线被杯子挡住了,而其余的光线经过你眼睛的上方。朝杯中注水时,原本落到你额头的光线朝下弯曲,于是硬币再次进入视野之中。

在第三个错觉中,铅笔入水处围绕铅笔的一圈水朝上弯曲。这个弯曲的表面像透镜一样折射,形成铅笔影子的光线,造成影子的断裂。

变扁的太阳

西沉的太阳似乎变扁了。

错觉的产生

在你能清晰地看到地平线的地方,仔细观察落日。你是不是看到了一个变扁的太阳?

错觉的起因

其实太阳并没有真正变得更扁,只是落日的影像经过地球的大气层时发生了弯曲,正如水使铅笔的影像发生弯曲一样。太阳在地平线上越低,太阳光线的弯曲程度就越大。来自太阳圆盘上端的光线经过折射,看起来要比实际的位置高,而来自太阳下端的光线因为其较低的位置,必须穿透更多的大气,因此折射的角度更大。结果,太阳下端的影像比上端的抬升得更多,看起来太阳似乎是变扁了。

伟大的误解

几百年里，人们曾一直认为他们的感官真实地反映了地球以及地球在宇宙中的位置。鉴于人类知觉的特性，这完全可以理解。随后，出现了一些新的证据，暗示某些根深蒂固的观念可能是错误的。许多人为了维护既有的观念，对这些新证据进行驳斥。部分挑战来自势力强大的机构。有时还会有暴力。公元1600年，意大利哲学家布鲁诺因为其不合传统的观点而被绑在火刑柱上活活烧死。传统观念即便面对压倒性的反面证据也很难被根除。

是什么粉碎了人们关于地球以及自然界规律的错误观念呢？是被称为科学的新的学习方式。科学是一个缓慢的过程。通过点点滴滴的积累，科学家找到了许多与事件或概念有关的事实真相。收集到足够的事实材料之后，科学家得出了一个普遍的结论，这个结论将改变我们看待一种想象的方式。在过去的几百年里，科学家们一直在积累可靠的信息，促使我们了解更多的大自然真相。科学仪器，如显微镜和望远镜，拓展了我们感官的知觉范围与准确性。科学实验减少了基于偏见和情绪的判断。科学"看穿"了我们知觉的天生缺陷。有趣的是，我们利用科学程序来研究我们自己，以便我们更好地了解我们的知觉及其局限。

很久以前，人们用被证明是极其错误的方式观察这个世界。本章将讲述几个熟知的曾经欺骗了几乎所有人的错觉的故事。假使你生活在过去，你无疑也会被欺骗。

地球是平的

600年前,几乎人人都相信地球是平的。为什么?因为它看起来是平的。人们普遍认为地球的形状像一块圆饼。陆地被海洋包围,扬帆出海的船在地平线上将从地球的边缘跌落。

当然,也有证据证明地球是球体,只是没有人去努力寻找这样的证据。公元前500年,一位名叫毕达哥拉斯的希腊哲学家及其信徒就曾说过地球是一个圆形的球体。尽管没有具体的证据,他们的观点却是经过深思熟虑的。他们显然有理由认为地球不是平的。

200年后,亚里士多德成为毕达哥拉斯的支持者。在月食期间,他观察到可以在月球表面看到地球的影子。亚里士多德注意到这些影子总是呈现出完美的弧线。如果地球是除了球体之外的其他任何形状,其影子不可能总是带着那么完美的曲线。

细心的观察者还发现天体中的其他证据。当一个人南行至赤道,北极星(与其他星星一道)在天空中的位置似乎降低了。从赤道上看,北极星位于地平线上。在赤道以南,你根本就看不到北极星。如果地球是平的,北极星将永远处于地平线上方的同样高度,无论你向南走多远。

最后还有船到达地平线时,到底会发生什么?如果你在海边,你可以自己看到事实的真相。船似乎消失了,从地球的边缘掉下去了。先是船身消失了,接着是船的上层结构,最后是船桅。如果你肯花时间去观察地平线上的船,你会发现它们从地平线出现时,从上到下,顺序正好相反。先看到桅杆的顶部,然后是甲板,最后是船身。

所有这些观察都间接地证明了地球的表面呈弧形,只是这个弧形是如此之大,以至于在人们的眼中它似乎是平的。绕地球航行一圈能真正证明这一点,于是哥伦布在1492年出发了。他相信他能通过朝西航行找到一条到印度的新航线。他的目标因为美洲大陆的发现而中止了。后来,这个任务被麦哲伦(1480~1521)率领的一支探险队完成了。麦哲伦的船队中的一艘船经过3年的航行回到了西班牙。

如果还有人对地球是个圆球这个观点表示怀疑,那么从太空拍摄的地球照片将彻底消除他们的疑问。今天如果还有人坚信他自己的个人知觉,拒绝承认地球是圆的,人们会认为他是疯子。而600年前,相信地球是圆的人为数不多。在他们同时期人的眼中,他们也是疯子。

地球是宇宙的中心

如果你曾花时间观察天空,你会发现天体在运行。太阳每天从东方升起,越过天空,从西方落下。月亮以及星星也都有起落。一年之中,夜晚天穹中星图的位置也在不断变化。但是,新的一年开始后,这些星星又回到了它们一年前同样的位置。被称为行星的明亮星体的路径也在天空徘徊,而不像太阳、月亮以及其他恒星的路径那样有规律。有时,它们似乎要先后退,然后再重新前进。但是如果你花很长的时间在研究这些行星运动的话,你迟早会发现它们又回到了你第一次看到它们的位置。对于有些行星,回到它们的起点要花几年的时间。

相信你的所见

古希腊天文学家托勒密(90~168)是第一位系统研究天体运行的人。他根据自己的观察设计了一个天体的体系。其中,地球是静止的,太阳、月亮、行星以及其他恒星都绕着地球转动。他的学说能很好地预测天体即将出现的位置,达到了肉眼观察的准确极限,因为那时还没有发明望远镜。托勒密的研究体系十分成功,以至于它被当时欧洲最有权势的政治和宗教组织——天主教会奉为权威。

宇宙的地心学说在以后长达千年的时间内一直被人们广泛接受。不过,即使在这段时期,与托勒密的预测相矛盾的小细节不断冒出。他的研究体系也在修正,在行星的轨道上增加更多的圆。随着时间的推移,托勒密的学说变得越来越矛盾了。

不能直接观察到的理论

16世纪,波兰牧师哥白尼提出了有关宇宙的新观念。他花了三十多年来研究托勒密体系的数字,当然他也会观察夜空。哥白尼体系将静止不动的太阳置于中心,行星都围绕太阳旋转,地球只不过是绕行太阳的众多行星之一罢了。他用地球的两种运动来解释我们所观察到的天体运行。地球不仅在绕太阳公转,而且还沿自身的地轴自转。

哥白尼体系解决了托勒密体系表现出的诸多矛盾。哥白尼的天体示意图更为简单,一切都排列有序,正合其位。然而,地球并非静止不动,也并非太阳系中心的言论,不仅在挑战常识,更危险的是它也在挑战教会的权威。哥白尼的问题在于他没有直接的证据来证明地球在移动。

哥白尼自己也清楚他的理论会带来麻烦。他预计到了某些反驳观点:一种辩驳说移动的地球会把飞翔的鸟儿抛在身后。哥白尼回答说:鸟儿与大气层一起随地球移动。还有人反驳说:如果地球在动,我们会看到离地球最近的恒星相对于更远星座的位置会改变,但我们却观察不到这样的变化。这个问题其实是本书第六章中讲到的视差。

哥白尼认为视差可以证明地球围绕太阳移动。如果你在3月25日观察星座图中的北斗七星,其位置与6个月后当地球绕行太阳一半距离时略有不同。当然,哥白尼不可能看到这种恒星视差,但他知道其中的原理。他说地球与恒星的距离是如此之远,以至于在地球轨道上几乎看不到星座位置的变化。哥白尼死后多年,通过望远镜的观察测量证实了他推测的恒星视差。

哥白尼担心会遭到无所不能的教会的反对。在拖拉了几年之后,他终于出版了这本伟大的著作——《天体运行论》。出于政治考虑,他将此书献给教皇。在序言里,他以"诚恐贻笑大方"来解释出版此书时的迟疑不决。其实,他根本没有必要担心。在临死的病榻上,他才看到那本他写的印刷和装订好的书。

正如哥白尼所预料的,他的书引发了一场轩然大波。教会拒绝接受他的体系,他的书也被列为禁书,不允许人们阅读。少数哥白尼学说追

随者的职业甚至生命岌岌可危。前面提到过的意大利哲学家布鲁诺就是因为支持哥白尼的太阳系理论而在公元1600年被处死。

真理如何取胜

直接证明哥白尼学说的证据近百年后才姗姗来迟。意大利数学家和天文学家伽利略（1564~1642）改进了望远镜并取得了一些惊人的发现。其中包括观察到木星的卫星在围绕木星旋转，这清楚地证明了教会教旨所称的一切天体都围绕地球旋转是错误的。

伽利略在他广受好评、充满诙谐的书《星际使者》中表达了对哥白尼体系的支持。他的论据十分有说服力，教会把他称为异教徒，还把他的书也列为禁书。伽利略被审判、公开谴责、强迫撤回他的观点，并判终身监禁。但他的理论已经传播开了，并经受住了时间的考验，之后天文学家收集的所有关于宇宙的其他信息都与伽利略的论点相吻合。

物体回归天然位置

15世纪以前,亚里士多德的自然观一直被学者们认可。亚里士多德的观点基于他的观察,而观察则会出错,因为他毕竟只是人。在他所有的错误观点中,最著名的可能还是他的运动论。

亚里士多德认为,所有的物质都由4种元素组成:土、气、火、水。所有的物质都拥有一种或多种这些元素并且每个元素都有其天然的位置。火最高,气次之,水再次之,而土最低。根据它们拥有元素的不同,所有的物体都会自动移动到它们的"天然"位置。因此,火会上升穿过气,气穿过水,而土则会经过火、气、水朝下跌落。

许多常识可以证明亚里士多德的这个理论。水从土中涌出。如果用火烧水,形成的水蒸气朝上穿过空气。当水蒸气失去了部分热能,又会变成水落回土壤。除了移动到它们的天然处所,物体在外力作用下也可能发生剧烈运动。扔一块石头使石头发生剧烈运动,但此后又回到自然运动,直到石头回到它的天然位置。如果你不仔细研究,这个理论似乎很妙。

伽利略开创实验科学

到了16世纪,亚里士多德的运动论开始受到质疑。17世纪,伽利略对运动的研究使他成为"现代物理学之父",同时也标志着亚里士多德运动论的寿终正寝。伽利略不仅挑战"所有的物体回归天然处所"这一观点,而且还挑战"回归天然处所后的静止状态本身是一种天然状

态"的观点。他说一个运动的物体在理想情况下应该永远保持运动。这种物体在地球上持续运动的理论即使在今天也很难想象,因为地球上的移动物体如果失去外力最终确实会静止下来。

为了证明他的观点,伽利略提出了一个"思想实验",即最好的逻辑例证。他的基本论据如下:

1. 一个球沿山坡滚下时会越滚越快。
2. 如果你用力推一个球使其朝山坡上滚动,它会越滚越慢,直到短暂停止后再滚回山下。

结论:一个水平面滚动的球既不会加速也不会减速,而是以相同的速度永远滚动。球并没有一直滚动下去,是因为有一个额外因素。

伽利略正确地推论出真实世界的摩擦力阻止了球一直滚动。他引导我们走上理解运动的正确道路。现代运动论认为,某些外力是引起物体状态变化的原因,无论是运动状态还是静止状态。伽利略彻底废除了无生命物体"渴望"回归天然处所的理论。

重物下落速度更快

亚里士多德在声称"……（如果）一个物体的重量是另一个的两倍，其下落的时间将是后者的一半……"时，真是陷自己于困境当中。这显然是仅凭感觉，没有证据显示亚里士多德亲自检验过这个说法。伽利略不仅亲自做了，而且还证明：所有的物体无论轻重，下落的速度都一样。这可能与你所想的正好相反。

传说伽利略公开演示了他的新观点，从比萨斜塔上坠落两个重量不等的物体。尽管他写过这样一个实验，但没有证据证明他真正做过。他指出两个物体将几乎同时到达地面。如果结果有细小差异，也没有到达时间十分接近这一事实重要。

最早的物理实验室

伽利略在研究自由落体时遇到很多困难，因为那时还没有精确的计时仪器。他通过制造一种观察下落物体的慢速装置，巧妙地绕过这个问题。他让球从斜板上滚下。沿斜坡滚下的球的速度变化与自由下落时的速度变化应该类似，换句话说，两种情况下物体的速度变化率是一样的。因为伽利略能够测量距离，通过一个滴水钟他也能

测量时间,因此他能测量速度(距离除以时间)。他找到了确凿的证据来证明所有的物体无论轻重都以相同的速度下落(如果没有空气阻力的话)。

现代宇航员在没有大气层干扰的月球表面同时放开一片羽毛和一个高尔夫球。自然,两者同时抵达了月球的地表。